D1934633

Christina Kiehs-Glos

Mistel

Christina Kiehs-Glos

Mistel

Eine Heilpflanze
befreit aus der Erdenschwere

*Mit Fotografien
der Autorin*

aethera®

Dieses Buch ist ein Dank an die Mistel und an alle, die mich auf meinem Heilungsweg ermutigten, stärkten, begleiteten und um Segen baten. Ich widme es allen Suchenden.

Foto: Abel Siméon Solis

Heilung durch die Begegnung mit einer Pflanze zu erfahren, gleicht in unseren so genannten «aufgeklärten» Zeiten einem unerklärlichen Wunder. Meine eigene Heilungserfahrung und die Suche nach Klärung auf meinem Heilungsweg führten mich in die Zwischenräume unseres Seins, in denen die Mistel zu Hause ist.
Mit ihr zu leben durch alle Jahreszeiten hindurch und gegen den Strom der Zeit, stärkte mein Vertrauen in diese Meister- und Mysterienpflanze. Sie zu erspüren, ertasten, ersinnen als ein Wesen im Zwischenraum und befreit aus der Erdenschwere, eröffnete mir den Weg zu den Freiräumen meines Denkens und Handelns, die ich in Bewegung und Tanz umsetzte. Allen Heilungssuchenden wünsche ich die Mistel als Wegbegleiterin. Möge sie sich offenbaren in Bildern und Worten.

1. Auflage 2004

aethera im Verlag Freies Geistesleben & Urachhaus GmbH
Landhausstraße 82, 70190 Stuttgart
Internet: www.aethera.de

ISBN 3-7725-5036-3

© 2004 Verlag Freies Geistesleben & Urachhaus GmbH, Stuttgart
Druck: Druckerei zu Altenburg, Altenburg

Inhalt

Geheimnis – Rätsel – Wunder – Fragen 7

Blick in die Ahnengalerie der Mistel 11

Die Hochh(in)aus-Familie: Fit und Epiphyt 11
Die südamerikanischen Schwestern 13
Ordnung muss sein 17

Ein eigener Kosmos. 19

Gabel, Fächer, Strahlenkugel 19
Skulptur und Rhythmus 23
Sprossende Grünkraft 29
Embryonal und vollkommen 30
Solaranlage Mistelblatt 33
Das gebündelte Licht 38
Strahlenfrucht und Embryo 45
Kräggenspeck und Kraigensnueder 52
Das neue Leben 55
Wählst du mich, so wähl ich dich 57

Die Mistel in der Kulturgeschichte 65

Uil'ice – Mil'ioc – alles Heilende – allerheiligste Pflanze 65
Mistelblatt und Mistelohr – Genius Cucullatus 68
Heilige Mistel – heiliger Stier 70
Verehrt und verdammt 75
Ein neuer Siegeszug 78

Die Mistel als Nutzpflanze. 80

Mehr als ein Appetithappen 80

Die heilende Botschaft der Mistel 83

Forschung, Glaube und Erfahrung 83
Vom Wesen der Botschaft 86
Befreit 94

Literatur 96

Geheimnis – Rätsel – Wunder – Fragen

Wenn die Schwalben versammelt ihre Reiselust von den Drähten zwitschern, in den Dunkelhimmel abheben, der Oktoberwind Tagnebel und Buntblätter treibt, dann tauche ich auf im Geäst meiner Linde. Im Kugelnest trotze ich November- und Dezemberstürmen, strahle weiße Perlen in den Weihnachtshimmel, kauere im peitschenden Schneegestöber, stiebe auf aus dem Aprilgrün ehe die Schwalben wiederkehren und verbringe den Sommer – rate mal wo?»

Die Mistel selbst hatte mir dieses Rätsel zugeraunt bei jedem Schritt ins Nachbardorf, vorbei an der erhaben stehenden, 500-jährigen, dem heiligen Koloman geweihten Linde. Meine Kindseele barg das Rätsel als Geheimnis, umhüllte es mit Schweigen.

Traurig, trotzig schwieg ich, als an einem klirrenden Februarmorgen drei Männer die Linde erkletterten. Mit gezieltem Sägezug brachten sie die Mistelbüsche zu Fall. «Operation Mistel. Erlass: Entfernung aller Schmarotzer.» Menschen und Misteln waren betroffen. Im Flüsterton und mit Entrüstung verbreitete diese Nachricht – wie alle Kriegsnachrichten – Schrecken im Dorf.

Ich hielt zu den Misteln, konnte mir aber aufgrund des Gewichtes, der Festigkeit und Starre der gefällten Misteln nicht mehr vorstellen, wie sie – den Schwalben gleich – fliegen sollten. Doch sie kehrten zurück, ließen sich durch erneutes Schlagen nicht entmutigen, kehrten schließlich bei der neuen «Lindenwirtin» ein, nachdem die andere an Altersschwäche gestorben war. Dort leben sie noch heute.

In der Zwischenzeit sägte die Schulreife am Ast meiner freien Gedanken. Die Epoche der Aufklärung pochte an die Tore meiner Kindheitsrätsel. Die Schulbiologie entmythologisierte den «Mistelflug». Die Studien der Botanik und Pharmazie erweiterten meinen Wortschatz um Mistellektine und Viscotoxine, den Augenschein um die Sicht durchs Mikroskop in die Zellschichten der getrockneten Teedroge. Doch diese «Ein-Sichten» beantworteten nicht meine Fragen: Was birgt oder wofür bürgt dein Name? Was ist dein wahres Wesen, Mistel?

Abb. 1: Kämpferische Deva: Die weibliche Mistelblüte drängt aus der starren Knospe.

MISTEL – sechs Buchstaben, ein Rätsel. MISTEL, keiner weiß, wer die Lettern aneinander gereiht, wer sie ersonnen. Weder Botaniker noch Ethnologen oder Linguistiker befriedigen mit Erklärungen. MISTEL kommt von MIST, dem Vogelkot, in dem ihr «Same» verbreitet wird. Das ist banal, wehren sich Anglistiker und berufen sich auf MIST und MISTILY, die im Nebel Wohnende, die im undurchsichtigen, avalonischen Element Beheimatete, mit TOE, der Zehe im Baum – MISTLETOE. TOE ist das verkürzte TEEIN, entgegnen die Germanisten und MISTELTEEIN bezeichnet nicht nur das Kraut. Es verschleiert das rituelle Schwert im Kampf der Licht- und Dunkelmächte Baldr (Baldur, Balder) und Hodr (Hödyr, Höder). Über UIL'ICE und MIL'IOC, die «alles Heilende» in der gälischen Sprache, führt ein Weg von den Druiden in die Kräuterbücher des Mittelalters, zu Hexebeeri, Duivelsnest und Kreuzholz, versichern die Keltenforscher. Wenn so viele Rätsel und Fragen allein schon den Namen MISTEL begleiten, wie viel mehr Geheimnisvolles birgt die Pflanze?

«1000 Jahre Mistelforschung liegen hinter uns!» Prof. Karl von Tubeuf hatte alles Wissenswerte, Nachweisbare, alle Hypothesen und Vermutungen vergangener Zeiten zusammengetragen und begründete auf seinem Wissensstand 1923 das umfassende Werk: *Die Mistel.* Das Buch endet mit Fragen.

Im Sommer 2003 ergänzte den – inzwischen unüberschaubaren – Mistelbücher-Markt der Titel: *Die Mistel in der Onkologie.* 600 Seiten neueste Mistelforschung spiegeln Zehntausende von Aussagen, Aufzeichnungen der jüngsten Labor- und klinischen Studien, von Vorträgen und internationalen Bemühungen, die Mistel in der Krebstherapie heute vielseitig einzusetzen. Das Buch wirft neue Fragen auf.

65 Millionen Jahre Mistelleben wehen uns entgegen aus Tannen-, Linden-, Apfel-, Pappelwipfeln, überzeugen uns Paläobotaniker. Ich vernehme in diesem Raunen: fragt, forscht, wundert, staunt, aber vergesst nicht: Heilung ist ein heiliges Geschehen. Heilung mit Pflanzenextrakten ist ein uralter, weisheitsvoller Weg. Heilung aus der geistigen Verbindung mit Pflanzenwesen ist alt und neu zugleich, ein Pfad voll Abenteuer und Wunder.

Ich bin ihn selbst gegangen, den MISTELWEG durch Krebs und Angst. Er erfordert Mut und das Einlassen auf Unbekanntes, auf die Pflanzenrätsel, die Mistelgeheimnisse. Mein Verstand warnte: Bleib bei deinen Kenntnissen aus dem Pharmazie- und Chemiestudium. Doch diese Fachkenntnisse führten mich immer wieder an die Grenzen der Denk- und Forschungsmethoden der reinen Naturwissenschaft, zu isolierten Substanzen und nicht zur Ganzheit der Mistel. Aber in Zeiten der Ratlosigkeit des Verstandes wachsen der Seele Flügel. Ich erinnerte den «Mistelflug» und das Durchhalten der Mistel in allen Operationen wider das Leben.

Ich suchte nach Erkenntnis-Quellen, die meinem Denken und Verstehen, meinem Fühlen und So-Sein entsprachen. «Mein Krebs ist meine Aufgabe, eine mir individuell gestellte Herausforderung», war meine innere Antwort auf die Diagnose. Mein Heilungsweg muss auf die Begegnung mit dem Unsichtbaren im Sichtbaren, dem Unbegreifbaren im Greifbaren zielen. Der

Abb. 2: Mistelbuschkugeln in Lindenbaumkegeln

Gedanke – ich kann, ich darf heilen, ich gebe dem Wunder eine Chance – entfachte den Willensfunken: Ich will heilen, auch wenn mein Heilwerden über die Schwelle des Todes führen sollte. Ich wählte die Mistel, die weisheitsvolle Schamanen-, Meister- und Mysterienpflanze zur Begleiterin auf den schwersten aller Wege.

Die Mistel selbst schickte mir in das Dunkeldickicht von Krebstheorien und Krebstherapien ein Lichtzeichen. Ich war wie sie – ein Wesen im Zwischenraum, gefangen in meiner Angst und doch voll Sehnsucht nach der Freiheit von der Erdenschwere. Die Mistel in ihrer Wesenhaftigkeit, aber auch ihr Extrakt als Injektion, halfen mir während meiner Erkrankung, mich aus dem Dickicht der Antimistelparolen zu befreien.

Mit Vertrauen und Hoffnung, begann ich zu tanzen, jede Gebärde der Mistel zu tanzen, zu atmen, meinen Atem zu tanzen. Mein Mistel-Pflanzentanz lässt mich heute zurückblicken auf über 9 Jahre Heilungsweg. Die von mir entwickelten Übungen in der Gebärdensprache der Mistel gebe ich gerne weiter. Tun, d.h. üben, muss jede und jeder Heilungssuchende selbst. Heute spüre ich mit tiefer Dankbarkeit immer wieder aufs Neue dem Wunder der Heilung nach und werde nicht müde, an die Mistel Fragen zu stellen.

Zum keltischen Tag der Mistel, am 23. Dezember 2003 — *Christina Barbara Kiehs-Glos*

Blick in die Ahnengalerie der Mistel

Die Hochh(in)aus-Familie: Fit und Epiphyt

Einmal im Baumhaus wohnen, im Blätterwald schweben, auf Zweigen wippen, Distanz haben zu allem, was erdhaft bindet. Diese Sehnsucht lässt Menschen Treetops bauen, auf schwankenden Hängebrücken und Skywalks durch Urwaldgipfel schreiten.

Mehr Licht, freie Luft zum Atmen – dieses Verlangen wohnt auch Pflanzen inne. Ins Laub graviert, auf Blüten geprägt ist es der Pflanzengruppe, der die Botanik den Sammelnamen Epiphyten verliehen hat. Ihre Öko-Nische: Astgabeln zum Aufsitzen, Stämme zum Winden und Klettern, weit schwingende Äste zum Hüpfen und Tanzen. Das Dämmern unter dem dichten Blattdach eines Urwaldes oder Regenwaldes bewirkte und erwirkt bis heute in vielen Bewohnern ein Drängen und Flüchten ans Licht. Einige steigen vier bis fünf Stockwerke hoch, besiedeln vom Wind durchwehte Gipfel, andere lassen sich herabfallen in leuchtenden Blatt- und Blütenkaskaden.

In unseren Laubbaumkronen schaukelt, auf heimischen Weißtannen thront die Mistel: *Viscum album.* Die japanische Mistel trägt den Hinweis auf den außergewöhnlichen Standort im Namen: «Yadoriki» heißt «im Baum wohnen». Misteln verhalten sich wie diese tropischen Epiphyten. In der Nordhemisphäre, dort, wo die Mistel sich eingenistet hat, existiert jedoch kein Regenwald und kein tropisches Feucht-Dämmer-Klima, die Auslöser sein könnten für den Sprung in die Höhe.

Spurenfunde aus der Urgeschichte der Erde und Erkenntnisse der Klimaforschung decken Zusammenhänge auf zwischen dem, was Mistelsein einmal war und heute ist: Während des Alttertiärs vor 65 Millionen Jahren umfing ein ausgeglichenes, feucht-tropisches Klima den ganzen Erdball. Flüsse, Ströme überschwemmten riesige Landzonen, Ur-Ozeane vereinten sich zu einem ausgedehnten Wasserkörper, da die trennenden Hochgebirge fehlten.

Abb. 3: Hungrig nach Licht und Luft: Apfelbaummistel, weibliche (oben), männliche (unten).

Setzen wir Fundstücke aus diesen Erdzeiten – gehoben aus Braunkohlenmooren – zu einem Urweltmosaik zusammen, entsteht ein aufschlussreiches Bild: Sumpfwälder, Moorwälder, feuchte und trockene Urwälder bedecken Erdreich, Land, Kontinente. Eine Pflanzengruppe, kaum geboren, die immergrünen Bedecktsamer, Angiospermen, quillt in dem feucht-warmen und nährstoffreichen Lebensraum über. Vögel und Insekten schwirren trunken von Nektar und Süße. Kleintiere speisen an den reich gedeckten Blumentischen. Ein Paradies ohne Menschen, ein Drängen und Ringen um Leben und Licht.

Paläobotaniker und Geologen belegen durch Pollenfunde und Fossilien, dass bis Alaska und Grönland im Tertiär Feigen gediehen. Die baltische Kiefernharz-Bernsteinflora datiert aus dieser Zeit. Osyris, eine Gliederpflanze, die wie die Mistel zu den Sandelholzgewächsen zählt und ihr im Erscheinungsbild gleicht, gibt über ihren Einschluss in Bernsteinharzen Aufschluss über ihre Existenz und Alter. Bis zur Höhe von Spitzbergen dehnten sich Laub- und Nadelmischwälder mit Kiefer, Fichte, Eiche, Haselnuss, Birke, Ulme, Linde, Pappel, Weide, Esche.

Zu den Funden in Mooren und Braunkohlenflözen zählen Mistelblätter in Gestalt unserer heutigen Misteln. *Loranthaceen*, die Riemenblumen-Gewächse, die Stammfamilie unserer Mistel, bevölkerten also die junge – aus Nadelbäumen und Laubbäumen zusammengewürfelte – Pflanzengesellschaft mit den unterschiedlichsten Formen und glühenden Farben. Trotz dieser Beweisstücke fragt es in mir: Unsere grüne, bescheidene Mistel soll aus dieser Formen- und Farbenfülle stammen?

Die Abkühlung der Erde in den Zeitaltern Miozän und Pliozän veränderte weiträumig die tropischen Gefilde. Eiszeiten ließen das Wasser erstarren – auch in den Pflanzen. Gletscher erstickten bei ihrem Vordringen Flora und Fauna. Wer die botanische und zoologische «Völkerwanderung» nach Süden, ausgelöst durch die Verschiebung der Vegetationszonen, durchstehen konnte und die Umprägung der zarten Regenwaldblätter in robustes Hartlaub vollzog, fand neuen Lebensraum in den heutigen Tropen und Subtropen.

Unsere Mistel blieb zurück. *Viscum album*, die weißbeerige Mistel, sowie *Loranthus europaeus*, die Riemenblume, auch Eichenmistel genannt, zählen zu den Überlebenskünstlerinnen im Norden.

Zwischeneiszeiten mit moderaten Temperaturen, wie sie heute unser Nordlandklima bestimmen, boten Gelegenheit zur Schrittweisen Annäherung an die Veränderung der Lebensbedingungen. *Viscum album* und *Loranthus europaeus* überlebten all diese Klimaschwankungen. Verwandte Riemenblütige zogen sich zurück in tropische bis subtropische Gegenden der Erde. Von Asien über Afrika bis Nord- und Südamerika wachsen heute 1500 Loranthaceen-Arten unter fast ursprünglichen Bedingungen.

Loranthaceen, die Riemenblumengewächse gehören zur großen Ordnung der Sandelhölzer. Sie dringen in die Erde und in die Wurzeln anderer Pflanzen ein, suchen Zellkontakt mit Sträuchern oder Bäumen. Sandelholzgewächse sind keine Einzelgänger: Beziehung ist Leben – Leben ist Beziehung!

Weltweit wurden bisher nur 90 Viscum-Arten registriert. 60 besiedeln Afrika und Madagaskar. 30 ließen sich weiträumig gestreut in Eurasien und Australien nieder. Diese Tatsachen belegen das hohe Alter dieser Pflanzen. Sie haben sich ausgebreitet ehe Kontinente auseinander drifteten und hohe Gebirge Schranken setzten.

Die Begegnung mit einigen von ihnen in Peru und Chile erweiterten mein Verständnis für unsere heimischen Misteln. Ich musste in die Fremde gehen, um unsere heimische Mistel nicht mehr als Fremdling zu empfinden.

Die südamerikanischen Schwestern

«Tullma-Tullma, Cushma, Pupa», freuten sich Herminia und Olga, die Marktfrauen aus Huancayo in Peru, mit denen ich über Land gezogen war zu den Sammelplätzen «ihrer» Heilpflanzen. Erdfarbene Hände packten zu, entrissen – ungeachtet der Stachelspitzen – einem sprossgrünen Kreuzdorngewächs den aufsitzenden Busch bis auf wenige Ästchen. Lachend und gestikulierend rieb sich Herminia Gelenke, Bronchien, Nieren und Unterleibsorgane, kaute auf dem Fruchtknotenansatz, beschrieb mir in ihrer Körpersprache und in ihrer Muttersprache Quechua die umfassende Heilerin «Tullma-Tullma». Die spanische Bezeichnung «Suelda con Suelda» lautmalt das Zusammenschweißen der Glieder, wie man es sich nach einer Knochenfraktur erhofft.

Eine Schwester der Eichenmistel, *Loranthus europaeus* in Peru? An grauen Zweigen sprossen rundliche harte Laubblätter. Aus winzigen Bechern tropfen gelbgrüne Knospen. Pralle Glockenbecher umhüllen rotbraun die heranreifenden Früchte. Der Standort: ein Trockenhang oberhalb des tief eingeschnittenen Mantaro auf dem 13. südlichen Breitengrad in 3500 m Höhe. Kein Urwald, doch das Klima tropisch mit dem krassen Wechseln von Sommerregenzeit und Wintertrockenheit, mit Morgennebelschwaden zu jeder Jahreszeit. Die Temperaturen schwanken – gemäß der Höhe – von +30° am Tag bis -5° C in der Nacht. «Tullma-Tullma», eine Loranthacee, nicht auf Eichen, sondern auf Rhamnus! Eine Spur zu unserer Mistel hatte ich also entdeckt.

In einem entlegenen Nachbartal flammen rote Zungen. Mein Esel durchbricht Stachel um Stachel einen Opuntienwald. Dazwischen sitzen riesige Büsche eines Riemenblumen-Gewächses auf. Kurz danach im mystischen Wald von Polylepis, dem Baumriesen Quenual aus der Familie der Rosengewächse, dasselbe Bild. Diese südamerikanischen «Misteln» erzählen glaubhaft von dicht düsteren Urwäldern, die es zu durchdringen gilt auf dem Weg ins Licht. «Pupa», in der Sprache der Eingeborenen, botanisch und international *Tristerix longibracteatus*, greift mit langen Armen von Ast zu Ast, liefert den Bergbewohnern die schwarze Farbe für Alpaka und Lamawolle. Weder «Tullma-Tullma» noch «Pupa» weisen ein ähnlich geordnetes Pflanzengerüst auf, wie wir es später bei unseren heimischen Misteln kennen lernen werden.

In den Urwäldern am Fuß des Vulkan Chillan ragen 30 Meter hohe Notho-

Abb. 4 – 7: Tropische Loranthaceen

Abb. 4: In leuchtenden Kaskaden fällt der «Quintral» aus Nothofagus-Gipfeln.

Abb. 5: Die Blüten des Quintral senken den Blutdruck.

Abb. 6: Feuerfarben bricht Tristerix longibracheatus aus dem Geäst des Quenual.

Abb. 7: Curandera, Heilerin mit «Tullma» auf dem Markt in Huancayo.

fagusbäume, die einzigen Verwandten unserer Buchen auf der Südhalbkugel, in den tiefblauen Himmel Chiles. Gelb-orange fällt kaskadengleich der Quintral herab, auch ein Riemenblumengewächs. Botanisch *Phrygilanthus mutabilis*, nach der neuesten Nomenklatur *Tristerix tetrandrus*, wird die Pflanze von den wissenden Mapuches «Kintral, Üntriu, Itíu» genannt. Ich war mit einem von ihnen unterwegs, weil es vielerlei zu sammeln gab: die gelb-orangefarbenen Blüten für einen Aufguss gegen Bronchialbeschwerden, frische Fruchtknoten gegen Wurmbefall bei Kindern. Die ganze Pflanze durfte nur bei Vollmond geerntet werden gegen Parkinson, nervöse Magen- und Darmprobleme und Krämpfe aller Art. Eine tiefe Gemeinsamkeit in der Fähigkeit, vielerlei Krankheiten zu heilen, verbindet unsere Mistel mit ihren fernen Ahnen und Verwandten jenseits der Meere.

Diese Begegnungen in Südamerika ermöglichten es mir, einen Blick zu werfen in die Ahnengalerie der Loranthusgewächse, der Sippe unserer heimischen Mistel. Die eingeborene Information der Mistelgewächse lautet: Durch die Dämmerzone des Blätterdickichts zum Licht vorstoßen. Die einstige Überlebensgarantie blieb erhalten, auch dort, wo die feuchtdunkle Dämmerzone sich gelichtet hat oder nicht mehr vorhanden ist.

Der Ur-Lebensimpuls wirkt in einem zellulären «Langzeitgedächtnis» weiter. Der genetische Code der Mistel, ihre DNA, weist im Vergleich zu anderen Pflanzen eine extrem hohe Stabilität auf. Letzteres wurde von Biochemikern in sehr aufwendigen Bestimmungen gefunden. Diese Tatsache ist aber an der Mistel selbst leicht ablesbar: Sie bleibt in «Form». Sie ergeht sich nicht in der Ausbildung immer neuer Blätter-, Blüten oder Farb-Spielarten wie beispielsweise Orchideen und Irisgewächse.

Wir begegnen hier einem ureigenen Mistelgesetz zu Ordnung und Formbildung. Diese Eigenschaften haben Krebszellen verloren. Sie wuchern, überwuchern ungeordnet. Die Mistel steuert aufgrund ihrer starken DNA aus ihrem Wesen heraus Zellheilung. Ihr gespritzter Gesamtextrakt stärkt die gesunden, umliegenden Zellen in ihrer Formbildung, bis diese die Geschwulst eindämmen.

Ligaria cuneifolia ist ebenfalls eine südamerikanische Riemenblumenart. In diesem Namen, gegeben durch die spanischen Botaniker des 19. Jahrhunderts, Ruiz und Pavon, steckt die Tätigkeit «ligar», sich verbinden. Mistelgewächse leben im Verbund. Das soziale Miteinander von Pflanze zu Pflanze, Zelle zu Zelle zeichnet sie aus. Beim genauen Studium der Loranthusgewächse entdecken wir: Sie sind keine echten Epiphyten im Sinne der botanischen Definition, denn epiphytisch heißt: «auf Pflanzen sitzen». Misteln sitzen nicht auf Ästen. Sie senken vielmehr Saug- und Haftorgane in Zweige, Äste, Stämme hinein. Subtile Symbiose, d.h. tief greifende Lebens- und Partnerschaft charakterisieren alle Riemenblumengewächse mit Ausnahme einer autonomen australischen Art.

4

5

6

7

Abb. 8: Herminia bei der «Tullma»-Ernte hoch über dem Mantaro-Tal.

Abb. 9: Knospen- und Fruchtansatz der peruanischen Schwester unserer Eichenmistel.

Abb. 10: «Tullma» auf Colletia spinosissima aufsitzend.

Abb. 11:* *Mistelkrone auf Weißtanne im Herbst.

Ordnung muss sein

«Ordnung muss sein.» Mit diesem Slogan erleichtern sich Systematiker das Leben, pressen aber Wesen in Korsetts, die in ihrer Lebendigkeit und Veränderungsbereitschaft ihre eigenen Gesetze spielerisch aufheben.

Von der Erdenschwere befreit und doch mit dieser – über den in der Erde wurzelnden Baum – verbunden, entwickeln sich Misteln und Riemenblumen zu Wesenheiten mit ganz eigenen Gesetzen.

Wer in unseren Breiten über Land geht oder fährt, entdeckt Mistelbüsche in den verschiedensten Bäumen. Die Weißtanne bietet ihnen einen Sitzplatz mit Weitblick in ihrer Baumkrone oder auf ausladenden Ästen. Aus Schwarzpappeln und Linden strahlt sie in alle Himmelsrichtungen. Seltener entdecken wir sie im Weiden-, Birken-, Eschengeäst. Besonders nah kommt sie uns im Apfelbaum entgegen. In einer Eiche konnte ich sie selbst nicht finden.

Eine Frage liegt auf der Hand: Ist Mistel gleich Mistel? In unserem deutschen volkstümlichen Sprachgebrauch unterscheiden wir nicht. Die Botanik trennt aber *Loranthus* auf Eiche von *Viscum* auf Tanne, Kiefer und Laubbäumen. Von den Griechen IXIA, von den Römern *Viscum album* benannt, was wörtlich übersetzt «weißer Schleim» bedeutet, forderte die Mistel die Botaniker heraus, genauer zu klassifizieren. So unterscheiden wir heute drei Unterarten: die Tannenmistel, *Viscum album Subspezies abiétis*, die Kiefernmistel, *Viscum album Subspezies austríacum*. Alle Laubholzmisteln werden zusammengefasst unter *Viscum album Subspezies platyspermum*.

Die «Eichenmistel» trägt den deutschen, botanischen Namen Riemenblume, lateinisch *Loranthus europaeus*, bildet also eine eigene Art und ist nicht *Viscum*! Nur wenige Deutsche, die in der Gegend von Pirna leben, haben jemals die echte Eichenmistel in Mitteleuropa zu Gesicht bekommen. Sie bevorzugt das südeuropäische Klima.

Ein eigener Kosmos

Wenn die Wintersonne den Westhorizont wärmend umarmt, grüßen die «Lindenwirtin» und ihr Gast, die Mistel, als dunkle Silhouetten: Kugel und Kegel. Das Mistelkugelnest sitzt im Lindenbaumkegel. Die Kegelform des oberirdischen Baumteils der Linde wiederholt die Gestalt der einzelnen Blätter, während die Mistel in Blatt und Busch ein eigenes, in sich geschlossenes System ausprägt und dennoch aus derselben Quelle gespeist wird wie ihre Wirtin – aus Licht, Wasser und Mineralien.

«In Beziehung sein, im lebensvollen Austausch schwingen», lautet für mich das Misteltherna. Ohne die Wesenheit ihrer Gastgeberinnen zu erforschen, werden wir niemals ein wahrhaft umfassendes Mistelbild erhalten. Liebesheirat oder Wirtschaftsverbund, die Mistel als Schützerin oder Schmarotzerin, diese Frage hat Laien und Wissenschaftler durch die Jahrhunderte zu den widersprüchlichsten Aussagen und Handlungen geführt. Für die Mistel bedeutete dies Vergötterung und Vernichtung.

Mich überkommt der Wunsch, unvoreingenommen, Auge in Auge mit Blatt, Spross, Blüte, Frucht einen eigenen Zugang zum Mistelwesen zu finden. Das Hindernis, nicht wie ein Affe klettern zu können, in der Beobachtung auf das Teleobjektiv angewiesen zu sein oder nur gefällten, sterbenden oder toten Mistelpflanzen zu begegnen, führte mich weit über Land in der Hoffnung, in den verschiedensten Arealen Mistelbüsche zu finden, die mir ihre Lebensweise greifbar, begreifbar nahe darbieten wollen.

Seit einigen Jahren wächst eine Mistel mir in Augenhöhe an einem Apfelbaum wenige Meter von meinem Haus entfernt entgegen. Ich verstehe dies dankbar als Einladung und Aufforderung: «Sieh' selbst!»

Gabel, Fächer, Strahlenkugel

***Abb. 12:* Vitalität einer 10-jährigen Apfelbaummistel: strahlend – beweglich – üppig fruchtend.**

Winter um Winter, wenn die goldenen Apfelbaumblätter den gefrorenen Boden wärmend decken, strahlt aus kahlem Geäst das Mistelgrün. Leuchtend bricht es aus dem Stamm hervor. In dieser Jahreszeit kugelt es intensiv im

13

14

Mistelbusch. Grüne Gabelsprosse strahlen nach außen, zum Rund, zur Kugelgestalt. Weiße Perlenbeeren kugeln in den Sprossgabeln. Im Wachstum nach allen Himmelsrichtungen überwindet der Mistelbusch die Schwerkraft und offenbart dies in der Kugel.

Abb. 13: Klarheit und Verwirrung, die polare Dynamik im Apfelmistelbusch.

Abb. 14: Märzsprosse strecken, wenden, kreuzen sich auf der Suche nach Licht.

Ganz nah vor Augen erscheint mir der Mistelbusch verwirrend. Die Kugel zieht mich in ihre Unruhe hinein. Bei jeder Kamera-Einstellung weicht mir die Mistel aus. Sie will sich nicht bannen lassen, zumindest nicht in die Fläche. Ob Blatt, ob Spross, ob Blüte, ob Frucht – es gibt keinen Quadratzentimeter plan Gewachsenes: Der Stängel rundet sich zum Spross, eine Blattkante dreht sich hoch, die andere senkt sich ab, dreht sich um die eigene Achse. Das Sprossdreieck wird zum sphärischen Trigonom, die männlichen Blüten zipfeln auf zum Trichter, die weiblichen schließen zur Kugel. Grüne Laubblattpaare strecken, wenden, kreuzen sich. Manche, flügelgleich bewegt, scheinen in die verschiedensten Himmelsrichtungen losfliegen zu wollen. Gehalten werden sie durch Gabeläste, die sich in einem Verzweigungssystem entfalten, das an Urpflanzen im Wasser erinnert: eins rechts, eins links, zwei rechts, zwei links, vier rechts, vier links … Die Botanik bezeichnet dieses Verhalten als Dichotomie.

Abb. 15: Zum Vergleich: echte Dichotomie an einem Ozean-Tang.

Bei der Mistel trügt der Augenschein. Eine Scheindichotomie liegt vor. In Wirklichkeit sprosst aus dem Stamm des Wirtsbaums zunächst ein einziger zentraler Langspross. Innerhalb von zwei Jahren wächst er nur wenige Millimeter, bildet zwei schwer zu unterscheidende Knoten oder botanisch Internodien. «Gestauchte Zeit» – wer die Jahrmillionen kennt, lässt sich von Einjahresrhythmen nicht drängen! Wer sich – wie die Mistel – an Saturn orientiert, hat keine Eile. Lebensprozesse verlaufen nicht im raschen Rhythmus der Erd-Sonnenbeziehung.

Wenn die Gabelbildung beginnt, ruht im Herzen jeder Gabel wieder ein Langspross mit der Anlage, sich erneut zu gabeln. Der Rhythmus ist also ein anderer als bei echter Dichotomie: eins zwei, eins zwei, eins … Von jedem Gabelabschnitt aus entfalten sich zwei Laubblätter, bilden ein Blattpaar. Der Jahrestrieb der Mistel besteht aus einem Stängel, dem flügelgleich sitzenden Blattpaar und der zentralen Gipfelknospe. Schlicht, klar und reduziert wie bei einer Ur-Pflanze entfaltet sich die starke DNA der Mistel. Die Klarheit im Wesen der Mistel ist ein Charakterzug, der uns in Phasen der Krankheit eine lichtvolle Hilfe zur Orientierung sein kann.

Mehrere Gabelungen formen im Laufe der Jahre einen Fächer. Ein Fächer ist die Entfaltung in das Vielfache hinein, gehalten in der Fläche. Ein Fächer ist noch nicht Skulptur, aber ein möglicher Weg zur Skulptur.

16

17

18

19

Im dritten Jahr setzt eine starke Wachstumsaktivität an den Gabelsprossen ein. Die zentrale Gipfelknospe zwischen den Laubblättern entfaltet die Anlage, ein beblätterter Gabelspross zu werden oder eine Blüte.

Ab dem vierten Jahr aktiviert eine Kraft an alten Gabelungen so genannte akzessorische, d.h. schlafende Knospen. Erwachen diese zu Wachstum, bilden sie Seitensprosse an der einstigen Gabelung, führen zur Entstehung von Quirlen. Die Entfaltungskraft dieser Quirlsprosse drückt das Blattpaar so weit in die Horizontale oder darüber hinaus nach unten, bis es schließlich abfällt.

Anders als die echten Quirle bei Schachtelhalm und Tanne, die aus einjährigen Seitensprossen bestehen, formen diese «verspäteten» Seitensprosse bei der Mistel im botanischen Sinne Scheinquirle und erschließen die dritte Dimension, den Raum: von der Fläche, dem Fächer, zur Kugel, von der punktförmigen Mitte zur Strahlenkugel. Bewusst gesuchte und erlebte Heilung erschließt ebenfalls neue Lebensräume.

Abb. 16: Junger Ebereschen-Mistelspross aus altem Senker.

Abb. 17: Aus den gespreizten Blättern erhebt sich der neue Mittelspross.

Abb. 18: Der Mittelspross fehlt, 6 Seitensprosse übernehmen das weitere Wachstum.

Abb. 19: Frost begrenzt die Dynamik der Entwicklung nicht.

Skulptur und Rhythmus

Die Mistel wird zur Skulptur. Strahlig nach außen, der Sonne entgegen, durchdringen sich Dreiecke, Quadrate, Fünfecke, Sechsecke. Kreuzungen und Überschneidungen – bedingt durch Drehbewegungen der einzelnen Sprosse, die damit der Beschattung ausweichen – formen einen Vielflächner, ein Polygon, keine wirkliche Kugel, vielmehr eine Scheinkugel. Wenn jeder Gabel- und Kreuzungspunkt einem Stern entspräche, könnten wir die Gesetzmäßigkeiten der Trigonometrie wie in unserem Universum erblicken.

All diese «Schein-Formen» entstehen durch die Gesetze der Harmonia mundi. Planeten durcheilen den Makrokosmos in harmonischen Rhythmen und wirken seit Jahrmillionen unaufhaltsam auf die Entstehung des Lebens auf der Erde. Ein Ur-Gesetz, geschaffen von einem ordnenden Ur-Bewusstsein, verbindet die Welt der Galaxien mit der Seinsebene von Pflanzen und Tieren, die Welt des Makrokosmos mit dem Mikrokosmos in uns Menschen. Was Kristalle in ihren festen Gitterstrukturen aufweisen, durchwirkt In Bewegung gleichermaßen das Mistelgerüst bis hinein in jede Zelle.

«Das Wesentliche ist nicht die Gestalt, sondern das Maß, nicht das Umspannende, sondern das Gerüst, nicht das Gerüst, sondern der Kern, aus dem das Gerüst, diesen offenbarend, hervorbricht.» Mit diesen Worten zitiert Hugo Kükelhaus den Astronomen und Physiker Kepler. Ich verstehe die Gedanken als Wegweiser, um zum Kern der Mistelkugel vorzudringen und in uns zu Sophia als dem uns eingeborenen Kern der göttlichen Weisheit.

Wo liegt der Kern eines Wesens, das sich in unzugängliche Bereiche eines Baumes senkt? Die Ein- und Austrittstelle der Mistel aus der Rinde des Baums können wir als sichtbaren Kern der Strahlenkugel bezeichnen. Ihr unsichtbarer Kern dehnt sich dreidimensional in den Baum hinein, wie wir später sehen

Abb. 20: Scheinquirle mit Knospenansätzen.

Abb. 21: Junger Adventivtrieb am mehrjährigen Scheinquirl.

Abb. 22: Zum Vergleich: Acker-Schachtelhalm mit echtem Quirl.

Abb. 23: Fossiler Schachtelhalm in Ölschiefer mit regelmäßigen Stockwerken.

Abb. 24: Scheinquirl mit Scheinfrüchten, die Weiterentwicklung von Abb. 20.

20

21

22

23

Abb. 25: Überschneidungen im Mistelgeäst: 3-Ecke, 5-Ecke, 6-Ecke erzeugen energetische Felder.

Abb. 26: Gelenk eines alten Mistelsprosses.

Abb. 27: Zum Vergleich: Gelenk eines tierischen Knochens.

Abb. 28: Starke Eigenbeweglichkeit im Mistelgelenk.

werden. Ergänzen wir die beiden Raumkörper zu einer Zeichnung, so entsteht die Odilrune. Das ist die abgesetzte, 25. Rune im Jahreskreis, d.h. sie tritt aus dem Jahreskreis heraus und ergänzt ihn auf eigene Weise. So tritt auch die Mistel aus dem Jahresrhythmus unserer vier Jahreszeiten heraus und ergänzt das große, gesetzmäßige Wachstumsgeschehen in der Pflanzenwelt mit ihrer Individualität, mit ihrer eigenen Gesetzmäßigkeit, die Botaniker so sehr verwirrt und uns Heilungssuchenden so viel Hoffnung bereitet, weil sie auf dem Zusammenwirken unerschöpflicher kosmischer Kräfte beruht.

Im Runen- oder Julkreis tauchte die Mistel immer in Frauenhand auf, in der Mütternacht des Od-Monats Dezember. Das Od ist der göttliche Odem, der Heilige Geist, den wir im Kind empfangen in der Mi(ü)tternacht des 24. auf den 25. Dezember. Als Od gilt die Kraft, die Magnetismus, Elektrizität, Licht, Wärme vereint, die höchste Schöpfungskraft. IL in Odil entspricht den Silben EL, AL aus dem Arabischen, die dort auch Gott bezeichnen. Wir sehen, wie das Benennen der tief eingeborenen Maße und Kräfte zum Erkennen führt: Der Kern allen Seins ist göttlich, göttliche Weisheit. Die Priesterinnen und Priester der Kelten ernteten die Allesheilerin in diesen Nächten, wenn für sie der Mond heilwirkend stand, und feierten die Mistel in ihrem göttlichen Wesenskern. Sie ernteten und ehrten ihre Heilpflanzen, allen voran die Mistel, in dem Bewusstsein: Das Göttliche und Heilende ist greifbar nahe, lasst uns zugreifen!

In den Leerräumen der Mistelskulptur, zwischen den Gabelungen, in den zarten Drehbewegungen und Abweichungen von der Geraden durchdringen sich die Maße, die Zahlenverhältnisse und Strukturen des Kosmos. Sie lösen Harmonien und Disharmonien aus. Spannungen und Schwingungen wechseln sich ab. Der rhythmische Spross- und Blattbereich ist ein Ort, an dem vielerlei Rhythmen gleichzeitig wirken. Die Mistel atmet dieses Schwingen beständig aus und ein.

Das lebensvolle Geschehen von Spannung und Entspannung, das pendelnde Gleichgewicht ist die Grundbedingung für Gesundheit. In der Beobachtung unseres Atems, der bei geringster Bewegung unserem veränderten Spannungszustand folgt, erfahren wir etwas von den rhythmischen Geheimnissen, von denen die gesamte Schöpfung durchpulst wird, von dem schwingenden, singenden Odem. Die Tendenz der Schöpfung weist aus ihrer Sophia heraus stets in die Richtung: Gesundheit zu schaffen und zu erhalten zur Wiederherstellung dieses labilen Gleichgewichts. Odil, die geistige Schöpferkraft, will uns mit jedem Atemzug neu zur Gesundheit anregen.

Dies zu wissen, ist eine Quelle. Aber das Wissen allein genügt nicht. Wir müssen aus der Quelle trinken, um die Heilkraft aufzunehmen und das heißt: üben, unseren Atem bewusst bewegen. Die Mistel öffnet mit ihrer Gebärde das Tor zum Geheimnis ihres schwingenden Gleichgewichts.

Gebärdenübung 1

Ich lade Sie ein zu einer kleinen Gebärdenübung, wie sie uns die Mistel vorgibt:
Stehen Sie breitbeinig mit lockeren Knien. Heben Sie Ihre Arme leicht an. Ihre Hände umfassen einen unsichtbaren Ball vor der Körpermitte. Betrachten Sie

25

26

27

28

Ihren Atem einige Atemzüge lang. Danach verdrehen Sie beide Hände leicht gegeneinander und werden gewahr, wie Ihr Atem in ein anderes Spannungsverhältnis tritt. Lockern Sie die Finger etwas und bewegen Sie die Finger frei. Vielleicht können Sie beobachten, wie die Anspannung im Atem nachlässt und ein sanfter Windatem Sie durchströmt. Spielen Sie 10 – 20 Minuten mit diesem Ball. Nehmen Sie sich Zeit zum Nachspüren, wie es pulsiert und schwingt und legen Sie dazu die Handflächen übereinander unterhalb Ihres Nabels. In die Bauchhöhle hinein dehnt sich hier das Zinnoberfeld aus, im Chinesischen Dan Tian. Es ist der Ort unserer höchsten Speicherenergie.

Von den Handbewegungen ausgehend, können Sie dieses Atem-Gebärdenspiel auf Ihren ganzen Körper übertragen und sanfte Drehbewegungen aus der Wirbelsäule und der Hüfte heraus ausführen. Beim täglichen Wiederholen der Übung und im Nachspüren werden Sie entdecken, dass ihr Körper bis in die Mikrogewebebereiche hinein vibriert. Belebende, erneuernde Energie durchpulst tiefe Bereiche und löst auch dort ein heilendes Schwingen aus.

In diesem kleinen Gebärdenspiel vollziehen wir eine der Mistelgebärden nach. Die gegeneinander verdrehten Hände – oder bei der Ganzkörperübung die Drehung der Wirbelsäule – entsprechen der Gelenkigkeit der Gabelsprosse, aber auch der Mistelblätter am Gabelansatz. Eingewurzelt im Baum, führt die Mistel ständig Mikrobewegungen aus. Die Erkenntnis dieser feinmotorischen Gelenkigkeit hat dazu geführt, dass die Mistel als Heilpflanze bei Knochenbrüchen empfohlen wird. So drehbar sich die Gabelsprosse der Mistel aus innerem Antrieb zeigen, so leicht brechen sie bei unsanfter Berührung durch Mensch oder Tier, bei extremer Trockenheit oder Staunässe.

Die Gebärdensprache offenbart das wahre Wesen einer Pflanze. Werden Sie nicht müde, immer wieder die Bewegungen neu zu tanzen: Zuneigung, Öffnung, Weitung, Hinwenden, Abwenden ... Und erfahren Sie dabei die Neugier und den Mut, mit denen sich Pflanzen in das Leben wagen.

Die drei Faktoren Wärme, Anziehung, Abstoßung sind Bedingungen, unter denen das Leben geboren wird. Die Anfangsbewegung wird vom nimmer ruhenden Atem unterhalten und geregelt. In Indien wird er gleichgesetzt mit den Planetengeistern, den «Dhyan Chohans». Bei der Mistel erleben wir die Vorherrschaft von Saturn, oftmals begleitet von Jupiter. Bei der Betrachtung der Beziehung der Mistel zu ihren Wirtsbäumen müssen wir deren Kräftepotential, teilweise gespeist aus anderen Planeten, mit berücksichtigen.

Wir haben bisher erfahren: Gesetz und Freiheit, Ruhe und Bewegung wirken im Mistelgeäst. Urzahlen und Urgebärden schenken dem Leben Maß und Klarheit, ordnen das Gewirr von Richtungen und Rhythmen. Ebenso leitet der Tanz, der rhythmische Atem im Tanz als ordnendes System die gesunde Entwicklung der Zellen ein. Aus dieser Erkenntnis entwickelte Anastasia Geng ihren Misteltanz. Die anregende Musik bildete Tratta, ein Tanz, der am 2. Ostertag von Frauen in Griechenland getanzt wird, also ein Erweckungs- und Auferstehungstanz.

Sprossende Grünkraft

Als ein Tannenwald mit ehrwürdigen 120-jährigen Bäumen das Opfer einer Sportanlage wurde, konnte ich Tannenmisteln mit 20 «Stockwerken», sprich Gabeläste und Scheinquirlen zählen. Deutlich war das Verjüngungsprinzip der Mistel erkennbar. Aus alten, lange Zeit schlafenden Knospenschuppen hatten sich immer wieder junge Gabelsprosse entwickelt. Das streng linear-hierarchische Prinzip des Wachstums in die Peripherie, in den Sonnenblätterkranz hinein wurde dadurch ergänzt und verdichtet. Obgleich der Hauptspross der Mistel innerlich verholzte und ich, wie bei der Wirtspflanze Tanne, Jahresringe unterscheiden konnte, war dem Sprossen über Jahrzehnte hinweg kein Einhalt geboten. Die Mistel erscheint nicht nur immergrün, sie scheint auch – ohne das Einhaltgebieten durch den Menschen – immerwährend. In ihrer ureigenen Dynamik ist sie nicht nur Überlebenskünstlerin, sondern auch Verjüngungskünstlerin.

Im Gegensatz zu anderen, verholzenden und vergrauenden Gewächsen wie der Eichenmistel, *Loranthus europaeus*, erhält sich bei allen Viscum-Arten die Aktivität des grünen Farbstoffes Chlorophyll solange der Mistelbusch nicht abstirbt. Rundum bleibt es eingelagert in jungen und ältesten Sprosstrieben. Vom Keimblatt bis zur Blüte, von Lichtgrün über Oliv zu dunklem Schattengrün durchwirkt es Leben spendend alle Organbereiche. Atmende Schließzellen sind sogar in die grüne Rindenschicht der Gabelsprosse eingesenkt. Die Rindenschicht verkorkt nicht wie bei Holzgewächsen, sondern trägt ebenfalls das Zeichen der Verjüngung. Das Chlorophyll dringt bis in die tiefen Atemhöhlen der Schließzellen hinein. Der grüne Farbstoff Chlorophyll wirkt in seiner Aktivität, Licht aufnehmen und in Nährstoffe wie Zucker umwandeln zu können, bei der Mistel noch in den Dunkelzonen innerhalb der Wirtspflanze. Kein Sonnenstrahl erhellt weder Mark noch Holz und dennoch leuchten die eingesenkten Scheinwurzeln der Apfelmistel in frühlingsfrischem Grün. Die Laubbaummistel setzt das Naturgesetz: ohne Sonne kein Chlorophyll, außer Kraft. Sie lehrt uns: «Anders geht es auch!» Die Mistel, aber auch die Nadelbäume Tanne und Fichte, assimilieren bis tief in den Winter hinein. Mit den Jahren tritt auch im Mistelspross Holzbildung ein. Die verdichtende Kraft der Erde, die Gravitation, wird sichtbar in der Bildung von Jahresringen im harten Holz. Doch so sehr der Mistelspross im Inneren verholzt, nach außen bleibt die Rindenschicht grün. Weder Kork noch Bast oder gar Borke verhindern den Atem-, Wasser- und Lichtstrom.

Die Mistel ist gebündeltes Licht. Die Grünkraft, die Viriditas, wie sie Hildegard von Bingen als höchste kosmische Schöpferkraft erfahren und besungen hatte, durchwirkt die Mistelwesenheit in allen Bereichen und erwirkt die Bildung zahlreicher heilender Stoffe und Impulse. Daher nehmen viele Kranke unter der Misteltherapie eine unerwartet belebende Wirkung wahr, und zwar körperlich wie geistig.

Abb. 29: Die Mistel hebt die eigene Gesetzmäßigkeit der lang-ovalen Blattform auf und bildet oftmals Rundungen und Einstülpungen ohne ersichtlichen Grund.

Abb. 30: Die Ganzrandigkeit der Blätter bleibt stets erhalten.

Abb. 31: Die Blattoberfläche: eine Solaranlage mit Millionen assimilierender Zellen.

Abb. 32: Alle Blattschichten enthalten Chlorophyll.

Embryonal und vollkommen

Dort, wo der nackte Fuß ins feuchte Moos sinkt, Grün von Lichtgelb bis schattenhaft Blaugrün spielt, greift meine Hand nach einem Blatt am Boden, das weder Heidelbeer-, Buchen-, Himbeer- noch Steinbeerenblatt ist. Es gehört nicht zu den Bodendeckenden Sträuchern. Es stammt nicht – vom Winde verweht – von einem der entfernt stehenden Laubbäume. Es ist nicht Nadel vom Tannenbaum und doch ähnlich fest. Seine Farbe: sattes Grün mit fast parallelen, goldgelben Adern durchwirkt.

Aufwärts gerichtet durchsucht mein Blick die Stockwerke der Tannenwirtel, haftet schließlich an einem Mistelbusch.

Nach mehrmaligem Bücken, umfassen meine Hände Mistelblätter in den verschiedensten Farbabstufungen: von Sattgrün, über Olivgrün bis Schwarzbraun. Glatte, harte, kühle Oberflächen ertasten die Finger, Erinnerung an die Berührung einer Eierschale taucht auf. Je mehr die Farbe ins Braun tendiert, desto mehr verbindet sich mein Tasten mit dem Gefühl: Das ist runzliges, zähes Leder. Das ist Täuschung, wiederum Schein! Das Mistelblatt bricht beim leichten Knicken spröde durch. Frisch knirscht es zwischen den Zähnen wie ein halbreifer Apfel, hinterlässt eine harzig-scharfe Nachnote auf der Zunge. Eingelagerte Kristalldrusen aus oxalsaurem Kalk lösen beim Zubeißen das Knirschen aus. Der Geschmack erinnert entfernt an Sauerklee, Sauerampfer, Rhabarber.

Die Mistelblätter variieren nicht nur in der Farbe. Zu einer Reihe gelegt, offenbaren sie eine unerwartete Individualität und Vielfalt an Gestalt, an Bewegungen, obgleich sie alle von einer Tannenmistel stammen. In Länge, Breite, Streckung, Biegung gleicht keines dem anderen. Das Mistelblatt – das gilt für alle Arten – hat keine Rundung zu viel, keine Extrazacken oder Ausbuchtungen. Während all der unzählbaren Mistel-Generationen seit dem Tertiär blieb das Blatt schlicht wie am ersten Tag. Das hat ihm die Eigenschaft «embryonal» eingetragen. Ich möchte ergänzen «vollkommen» – wie ein Embryo mit allen innewohnenden Möglichkeiten zur Entfaltung. Das Blattorgan spiegelt die Konstanz und Stärke der genetischen Anlage der Mistel. Es hebt die Mistel als Heilpflanze mit der Wirkung, Form zu geben und aus dem Gleichgewicht Geratenes neu zu gestalten, weit über Calendula und Arnika hinaus.

Botaniker ließen sich verführen, Misteln mit kleinen Unterschieden in der Blattgestalt ganz verschiedene Namen zu geben, sie in eigene Arten und Unterarten zu klassifizieren. Diesen Irrtum hoben die eingehenden Studien von Prof. von Tubeuf auf. Mistelwildformen und Mistelzüchtungen auf Laubbäumen, Kiefer und Tanne ergaben: Die Vielfalt der Mistelblätter an einem einzigen Busch lässt sich aus ihrem Stoffwechsel ableiten. Die Mistel reagiert anatomisch auf geringe Schwankungen im Wasserhaushalt und Salzangebot der Wirtspflanze. Sie antwortet mit Sensibilität auf die Veränderungen der

29

30

31

32

Lichtintensität. Der Einfluss des Charakters ihrer Wirtinnen ist sicherlich sehr bedeutungsvoll, aber bisher unvollständig erforscht. Er führt – abgesehen von der Kiefernmistel – keinesfalls zu so starken Differenzierungen in der Blattform wie wir vermuten, wenn wir Laub- und Nadelbaummisteln gegenüber stellen.

Es ist Vorweihnachtszeit. Ein gestürzter Weißtannentorso versperrt mir den Waldweg. Seine Hauptäste sind zu Schmuck und Duft unserer sterilen Städte bereits abtransportiert. Ich entdecke: Er gleicht einem aufgeschlagenen Lebensbuch mit dem Titel «Mistel». Amputierte, gealterte Mistelstümpfe ragen aus dem Stamm, junge ein- bis zweijährige Sprosse, reich beblätterte, aufsitzende Jungbüsche finden sich an Aststümpfen. Blüten besetzte Teile von Strahlenkugeln eröffnen mir einen umfassenden Blick in die verschiedenen Etappen eines Mistellebens. Bis in den Lupenbereich lenken sie meine Aufmerksamkeit von der Oberfläche des Laubblatts bis zum spitzen Schuppenblättchen.

Verweilen wir zunächst in der Betrachtung der Laubblätter.

Die Zahl der Gabelsprosse und die Verzweigungsknoten geben das genaue Alter des Mistelbusches an. Am dreijährigen Spross sitzen die ausladenden Blätter, am Einjahresspross die zierlichen. Mehrjährige Blätter ähneln den Immergrünen- und Hartlaubgewächsen aus südlichen Breiten. Die einzelnen Blätter wachsen langsam, aber stetig weiter bis ins dritte, manchmal bis ins vierte Jahr. Auch hierin bestaunen wir die ureigene Mistelrhythmik. Dann werden die dreijährigen Blätter im Juli und August abgeworfen, nicht im Herbst! Der Busch lichtet sich von innen heraus.

Dieser Blattfall ordnet die physiologischen Bedingungen im Mistelbusch neu: Weniger Blätter heißt weniger Verzehr, aber auch weniger Assimilation. Die alten Blätter weichen zugunsten der Entwicklung der kräftigen, jungen Blätter. Sie legen gleichsam die Verantwortung für das Überleben in die nachwachsende Generation. Das Spiel der Kräfte vollzieht sich in einem «labilen Gleichgewicht». Dies zeichnet jedes gesunde Geschehen aus. Durch den Blattabwurf erhält sich die Mistel im gesunden Gleichgewicht von Verzehr und Produktion. Sie überfordert weder sich noch ihre Wirtinnen. Könnte dieses Verhalten ein Weg in unsere Gesundheit sein?

Das Wachstum des einzelnen Blattes dehnt es in die Länge, vergrößert aber auch die Zwischenzellräume. Zellen vermehren und strecken sich, besonders in der zweiten und dritten Licht verarbeitenden Zellschicht. Dadurch erscheinen zweijährige Blätter dunkler als die einjährigen. Sie sind reicher an Chlorophyll a und b und haben die doppelte Dicke des ersten Jahres erreicht. Die Zuckerproduktion läuft auf Hochtouren. Im dritten Frühling speichern sie reichlich Stärke, im Winter mehr Fett. Ihr Geschmack ist säuerlich-frisch, knackig, leicht bitter und fruchtig. Die glatte, ölige Oberfläche, der ungegliederte Blattrand lassen üppigen Regen rasch abtropfen. Während die samtigen Apfelbaumblätter lange Zeit die Feuchtigkeit auf der Oberfläche halten, schüttelt ein kurzer Windstoss das Wasser, das sich an der gerundeten Blattspitze zu einem Tropfen vereint hat, ab. Das Blatt befreit sich von aller Schwere und übermäßigen Feuchtigkeit, ein Charakteristikum, das vor allem Laubblätter der tropischen Urwaldgiganten auszeichnet. Wiederum dürfen wir über das Langzeitgedächtnis der Mistel und ihre Erinnerung an ihre feuchttropische Urwald- und Urweltvergangenheit staunen.

Solaranlage Mistelblatt

Bei Laubbäumen und Nadelhölzern charakterisieren Graugrün-Färbung, hervortretende Adern, manchmal eine Behaarung die Blattunterseite als einen eigenen Stoffwechsel-Bereich. Ganz anders verhält sich die Mistel! Sie gestaltet Blattober- und Blattunterseite bis hinein in die Strukturen der atmenden, Feuchtigkeit und Licht einlassenden Schließzellen gleich. Alle Zellen enthalten bei der Mistel das Licht assimilierende Chlorophyll.

Sie verdoppelt dadurch die Fläche ihrer «Solaranlage», ohne die Blattzahl erhöhen zu müssen. Die geringere Blattzahl bewirkt einen guten Verdunstungsschutz bei zeitgleich hohem Lichtempfang. Dies macht sie zur Überlebenskünstlerin in Trockenzeiten. Andererseits fällt bei geografischen und geologischen Studien zum Vorkommen der Mistel auf, dass sie Bäume in Wassernähe bevorzugt und bei Vergleichsmessungen eine höhere Verdunstungsrate aufweist wie ihr Wirtsbaum. Gleichzeitig erhöht sich ihr Nahrungs- und Stickstoffanteil.

1902 berichtet Prof. Julius Wiesner zum Thema «Der Lichtgenuss der Pflanzen» über eine Langzeitstudie zur Mistel: «Nach allen von mir angestellten Beobachtungen bin ich zu dem Resultat gelangt, dass unter natürlichen Verhältnissen die Gesamtblattfläche eines Gewächses in der Regel kleiner ist als die maximale Lichtfläche. Nur selten wird das Verhältnis 1:1 erreicht. Ein dichter Busch von *Viscum album* ergab, wenn ich bloß die Fläche der Blattoberseiten in Rechnung zog, ein Verhältnis von 1:0.5, d.h. die Blattfläche ist halb so groß als die maximale Lichtfläche. Wenn ich aber mit Rücksicht auf den isolateralen Bau der Blätter von *Viscum album* auch die unteren Blattflächen berücksichtigte, so gelangte ich zu dem Verhältnis 1:1, d.h. die gesamte, dem Mistelbusch zufließende Lichtmenge wird von ihm absorbiert.»

Die Folge solchen Lichtgenusses ist eine Fülle an biochemischen Reaktionen mit der Erzeugung hochwirksamer Substanzen und einer Sättigung der Blatt-Essenz mit heilsamen Stoffen. Ab dem fünften Tag nach der Ernte und dem natürlichen Trocknen des Blattes an der Luft, entströmt ein verheißungsvoller Duft, der über Wochen anhält und den Gehalt feinstofflich wahrnehmbar macht.

«Lichtraumnutzung», ein von Wiesner geprägter Begriff, umfasst die Gesamtlichtmenge, die sich zusammensetzt aus Himmelslicht und direktem Sonnenlicht. Während andere Pflanzen nur bei Tageslicht assimilieren, lässt

33

34

35

36

sich die Mistel ebenso tief durchdringen von Mondenschein und Sternenhelligkeit. Dieses Phänomen erhebt sie zur herausragenden Mittlerin zwischen Erdverbundenheit und kosmischer Gelöstheit.

Wachstum im dynamischen Gleichgewicht bedeutet innere Ausgeglichenheit und damit Gesundheit für Pflanze, Tier, Mensch, Landschaft und Klima. Die Mistel lehrt uns in ihrem Schwingen zwischen Hingabe und Empfangen das rhythmische Wechselspiel.

Gebärdenübung 2

***Die Laubblätter laden ein zu folgendem Gebärdenspiel:** Stehen Sie locker schulterbreit. Beide Hände begegnen sich vor Ihrer Körpermitte. Die Handinnenflächen zeigen zueinander, als ob Sie einen großen Ball halten würden. Lassen Sie sich Zeit, Ihren Atem wahrzunehmen. Beschreiben Sie nach rechts unten beginnend den ersten Halbkreis einer Acht. Zur Mitte zurückgekehrt, beschreiben Sie den ergänzenden Halbkreis der Acht nach links. Die Hände umfassen dabei einen großen unsichtbaren Ball. Das führt dazu, dass einmal die Handfläche der rechten Hand nach oben zeigt, einmal nach unten. Dasselbe gilt für die linke Hand. Wenn Sie die Hände im Handgelenk sehr locker halten, bemerken sie den Richtungswechsel im Ellbogengelenk. Das Ellbogengelenk führt den Impuls zum Wechsel der Richtungen an. Je länger Sie üben, desto gleichmäßiger erscheint der Rhythmus dieser Lemniskate. Nach 15 bis 20 Minuten (wählen Sie als Begleitung ein fließendes Musikstück von der Zeitspanne, die Sie sich vornehmen) lassen Sie die Acht kleiner werden. Kommen Sie in der Körpermitte zur Ruhe und spüren Sie mit geschlossenen Augen mindestens 5 Minuten nach. Die Hände liegen schützend über Ihrem Dan Tian. Achten Sie auf Ihren Atem und Ihre inneren Bilder.*

Mit dieser Gestik umrunden Sie die auseinander gefalteten Mistelblätter. Die Strömung, die Sie wahrgenommen haben, entspricht der Luft- und Windbewegung, mit der die Blätter unaufhaltsam gestreichelt werden und die sie in Kontakt zueinander hält. Wie Sie vielleicht selbst feststellen konnten, ist dies eine Gebärdenübung, die unsere Mitte stärkt, Leber und Milz in ihren Auf- und Abbaufunktionen kräftigt. Auch für uns Menschen gilt: Wenn die Ausscheidung gut im Fluss bleibt, kann Gesundes nachreifen.

Das Laubblatt der Mistel spiegelt in Gestalt, Farbe und Bewegung die Sensibilität, mit der die Mistel auf jeglichen Einfluss, nicht nur den des Lichtes, reagiert. Die unterschiedlich stark sprudelnden Nahrungsquellen innerhalb eines Baumes führen zu großflächig rundlichen Blattformen in Stammnähe. Auf kümmernde Äste antwortet die Mistel mit geringem, zartem Blattwerk. Die Kiefernmistel blättert flügelnd, luftig, feingliedrig auf wie die Nadeln und Zweige der Kiefer selbst. Die Kiefer ist ein Lichtbaum im Vergleich zur Tanne und Fichte.

Die Tannenmistel sitzt breitblättrig, behäbig im schweren Tannengeäst. Für die einzelnen Laubbaum-Misteln ist sowohl die Abhängigkeit vom Standort des Wirtsbaums prägend als auch sein Charakter.

Die oben beschriebenen Laubblätter sind nicht die einzigen Blattformen, die sich bei genauer Betrachtung im Mistelgeäst zeigen. Rot umsäumte,

Abb. 33: Blattober- und -unterseite sind gleich gestaltet und assimilationsfähig.

Abb. 34: Auch in die harte Oberfläche des Sprosses sind Atmungszellen eingesenkt.

Abb. 35: Das Chlorophyll durchdringt sogar das Mark.

Abb. 36: Auch nach Holzbildung im Inneren bleibt die grüne Rindenschicht weich.

Abb. 37: Die Kiefernmistel fällt wie ein Brautstrauß vom Baum.
Abb. 38: Zartgliedrig wie die Kiefernnadeln sind auch die Blätter der Kiefernmistel.
Abb. 39: Kiefernmistel-Blätter gleichen dem Flügelschlag eines Vogels.
Abb. 40: Zum Vergleich: Paracas-Flamingos in einer Flugphase.
Abb. 41: Zart wie die Blätter sind auch Spross und Blüten.

zartgrün-gelbe, harte Schuppenblätter erreichen höchstens 3 mm Länge. Ihre Aufgabe als Schutzorgane für die zukünftigen Sprossglieder verleiht ihnen Bedeutung. Mit feinen Wimperhaaren schützen sie die eingebetteten Gabel-, Blatt- und Blütensprosse vor Fraß und Austrocknung. Solche reduzierten, verhärteten Blattformen entstehen unter dem starken Einfluss des Saturns, unterstützt von Jupiter, der feste Ruheformen ausprägt.

Schuppenblattbildung gehört zu den Urformen des Pflanzendaseins. Die Schuppenbäume, die Araucarien Chiles, zählen zu den ältesten Baumformen der Erdgeschichte. Ihre robusten Blattschuppen formen Stämme, Zweige, Äste, sichern vielen Organen und Organellen das Leben in extremen Klimazonen. Die einzelnen Schuppen erreichen ein Alter von 30 Jahre, dann fallen sie aus. Dieser Zeitraum entspricht den exakten 29,46 Jahren, in denen Saturn einmal seine Bahn um die Sonne vollendet. Misteln können als gesamter Busch ebenfalls dieses Alter erreichen. Ephedra, das Meerträubel, eine zartgliedrige Pflanze der arktischen Zone und in den Anden ab 4500 m anzutreffen, besteht im Sprossteil nur aus Schuppen und Zwischengliedern. Diese sichtbaren Ähnlichkeiten in der Ausprägung von Form und Funktion beantworten für mich die Frage nach den tiefen Verwandtschaftsbeziehungen und den kosmischen Interaktionen innerhalb der gemeinsamen Entwicklungsgeschichte der Pflanzen auf unserem Planeten Erde. Das Linnésche System wird diesen Augenscheinlichkeiten nicht gerecht. Mich rütteln sie wach, denn sie weisen auf Zusammenhänge auf einer hoch energetischen und geistigen Ebene hin.

39

40

41

Abb. 42: Die zentrale Endknospe beinhaltet die Information zu vielerlei Gestaltbildung.

Abb. 43: Sie entwickelt sich zu einem grünen Spross.

Abb. 44: Sie formt sich zur Blüte (hier weiblich!).

Abb. 45: Sie verkümmert und wird von Seitensprossen überwachsen.

Das gebündelte Licht

Blühen – Glühen, Farbenrausch und Blütenmeer, Primavera – Frühlingszeit, Knospen springen, le Printemps, Springtime ist's in Floras Reich. Und die Mistel, wie jauchzt sie mit in diesem Reigen von Düften und Werden?

Ihre Hoch-Zeit, die Zeit, da Brautschmuck ihre Blüte ziert, ist längst vorüber, wenn im April – Mai – Juni Kräuter, Sträucher und Bäume sich überfüllen lassen von Blütenblättern, Staubgefäßen, Nektarduft. In ihrem eigenständigen Mistel-Blührhythmus tanzt sie einmal mehr aus der Reihe. Sie folgt nicht dem Vierjahreszeiten-Takt der Nordhalbkugel. Wie sollte sie auch als Kind der Tropenwälder? Ihre Gastgeber, die Laubbäume, folgen einem anderen Rhythmus, antworten auf die lichtärmere, kalte Jahreszeit mit Winterruhe und Rückzug der kostbaren Säfte in den Stammholzspeicher und Wurzelkeller. Millionen Jahre dauerte die Anpassungszeit an extreme Frostperioden. Individuelle, fantasievollste «Winterkostüme» hüllen Winterknospen in Schuppenkleider, verkleben feine Spalten mit Harz, panzern mit Silikatverbindungen die empfindlichen Samen.

All diesen Mechanismen und Techniken überlegen, entfaltet sich die Mistel weiterhin grün, bleibt im inneren Fluss, beginnt zu blühen und fruchtet gleichzeitig. Harren zahlreiche Pflanzen eines starken Wärmereizes, um die Kelchblätter zur Öffnung zu bewegen, scheint die Mistel geradezu auf den Frostreiz zu warten. In Wirklichkeit empfängt sie einen Wärmereiz aus ferneren Welten. Im Wasserstoff gesättigten Planeten Saturn laufen starke innere Wärmeprozesse und mit diesem steht die Mistel in energetischem Kontakt.

Im Januar, Februar, manchmal sogar schon im Dezember schimmert sie golden aus Pappelhöhen. Golden strahlt sie aus Lindenwipfeln, golden lockt sie aus dem Apfelbaum. Das Gold, das im Sommer nur zaghaft durch die Blattadern schimmert, erfasst zu Beginn der Blütezeit Knospen, Sprosse, Blattflächen vor allem des männlichen Mistelbusches. Es bahnt sich der Impuls an und wird unübersehbar. Stoffe wechseln im Fein-Stoffwechsel: Das Carotin, das vom Chlorophyll überdeckt war, durchdringt die Organe, die zum Blühen drängen. Von Woche zu Woche durchflutet es mehr und mehr den gesamten Mistelbusch. Die Mistel bündelt das Licht. Abgeleitet von den Erfahrungen des Dr. Edward Bach, einen sorgfältigen Auszug aus frischen Blüten der verschiedenen Pflanzen zu machen, wäre der Beginn der Mistelblüte der richtige Zeitpunkt dafür, uns eine Mistelblüten-Essenz herzustellen und uns einen intensiven, heilenden Lichtimpuls mitten im Winter zuzuführen. Mistelpollen konnten im Mageninhalt von Ritualopfern, gefunden in dänischen Mooren, nachgewiesen werden. Die Frage liegt nahe: Hat eine Zubereitung aus Mistelblüten, vielleicht auch aus Früchten, ihnen den Weg über die Schwelle erleichtert? Erlebten diese Kelten im Verzehr der Mistelblüten die Vereinigung mit ihrem Sonnengott, den sie in der Mistel, dem goldenen Zweig, verkörpert sahen?

Abb. 46 – 49: Entwicklung weiblicher Mistelblüten:

Abb. 46: schlummernde Vorstufe,

Abb. 47: aus jedem Trieb entspringen drei Knospen,

Abb. 48: geöffnete Blüten.

Abb. 49: Zum Vergleich: weibliche Blüte von Ephedra. Ist Ephedra die Urahnin der Mistel?

42

43

44

45

46

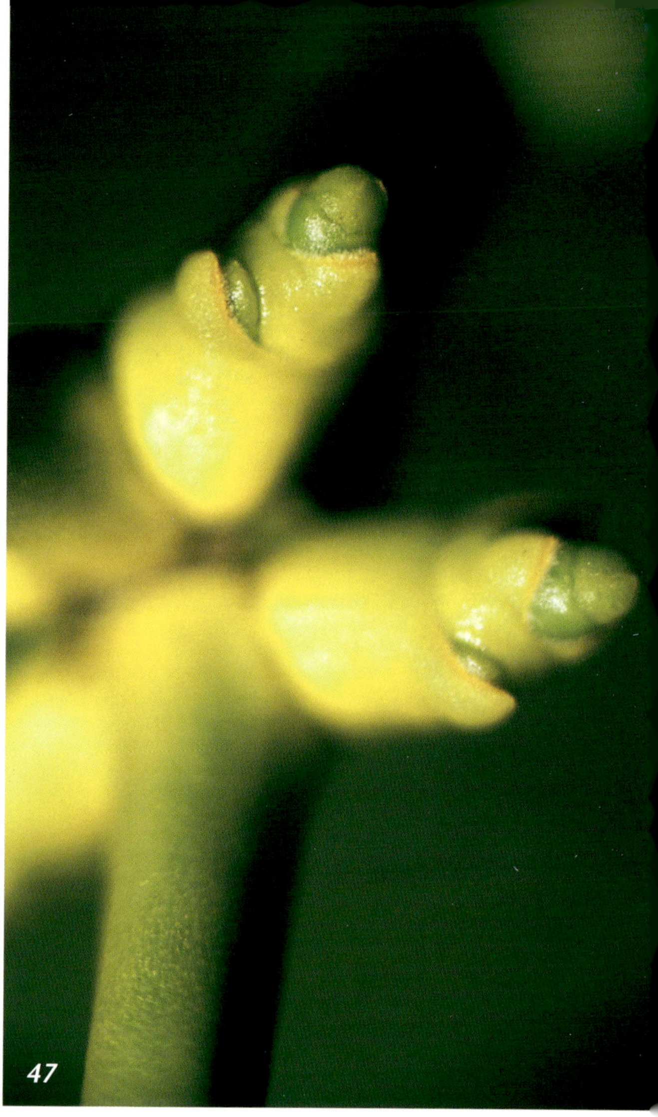

47

48

49

50

51

52

53

Abb. 50: Oben weiblicher, unten männlicher Ebereschen-Mistelbusch.

Abb. 51: Männliche Tannenmistel-Blüte.

Abb. 52: Längsschnitt durch einen 3-fachen männlichen Blütenstand, weiß zeichnen sich die verwachsenen Antheren ab.

Abb. 53: Geöffnete männliche Blüte der Apfelmistel, der Pollen klebt an den Antheren und fliegt nicht.

Ab Dezember leuchten aus den äußeren und jüngsten Gabelsprossen, die dem Gelenk zwischen den Laubblättern entspringen, goldgelbe bis orangefarbene, trapezförmige Organkörperchen, während weiße Beerenperlen ältere Gabelungen krönen. Letztere werden auf den ersten Blick manchmal mit der Mistelblüte verwechselt, da die Perlenbeeren – einem edlen Geschmeide gleich – zur Zeit der Wintersonnenwende den Mistelbusch festlich schmücken. Weiße Blüten galten in früheren Zeiten als Totenblumen wie die weißen Brautkranz-Rosen in Carl Maria von Webers *Freischütz*. «Tuureblom», Totenblume, nannten die Oberhessen die Misteln jeglicher Art.

Die eigentliche Mistelblüte ist – abgesehen von dem Erglühen des gesamten Busches – ein verborgenes Wunder. Die Anlage der Blüten vollzieht sich in aller Heimlichkeit im Juli und August des Vorjahres. Die Mistel gönnt sich auch bei dem Entwicklungsprozess der Blüten viel Zeit. Unserem Zeitraffen setzt sie die Zeitlupe entgegen.

Männliche und weibliche Blüten entwickeln sich an verschiedenen Mistelbüschen. Die zwei «Häuser» befinden sich nicht immer auf getrennten Wirtsbäumen, sondern stehen oftmals nahe beieinander, entspringen demselben Zweig. Botaniker fühlen sich bisweilen genarrt ob der «fehlenden Zwischenwand im Reihenhaus»! Das Spross- und Blattwerk überschneidet sich im wehenden Wind und gibt vor, eine einzige Pflanze zu sein. Raritäten konnte ich finden: Männliche Pflanzen hatten sich auf weiblichen Büschen niedergelassen und diese quasi als Wirt benutzt. Was zum Ergötzen und zur Irritation sorgfältig forschender Botaniker führt, ist das Werk der Vögel, die Mistelembryonen auf Misteln ablegen. Es gibt kein Gesetz, das die Mistel nicht spielerisch bricht. Damit erhebt sie sich aus aller Erdenschwere in eine Freiheit, die uns von Staunen zu Staunen trägt.

Abb. 54 – 57: Außergewöhnliche Phänomene:

Abb. 54 und 55: Weiblicher und männlicher Mistelbusch durchdringen sich.

Abb. 56 und 57: Durch die Ablage von Mistelkernen auf Mistelsprossen und der Möglichkeit des «Eigen-Schmarotzertums» entstehen zweigeschlechtliche Büsche.

Mistelblüten gehen nie «schlafen». Sie führen keine Schließ- und Öffnungsbewegungen aus, weder bei dicken, schweren Schneewolken, vor denen ein Krokus sich sofort verschließt, noch in der Nacht. Eisige Nachttemperaturen überstehen sie ohne Schutz. Die Abhärtung seit dem Ende der Tropenzeiten ist vollkommen.

In den grauen Winterhimmel ragen auch grüne Mistelbüsche völlig ohne Blüten und Perlenbeerenschmuck. Sie entbehren der Farbveränderung und der vollkommenen Kugelform. Ihr Signal: Noch nicht reif zum Blühen und Fruchten. Zur Entwicklung von Blüten und Früchten bedarf es eines vierjährigen Mistellebens. Die Mistel kennt keine Eile.

Wie aber kommt es bei dem Phänomen des Single-Daseins zur Bildung der Frucht? Irgendwie bedarf es einer Luftbrücke. Geschieht dies wie bei Hasel und Weide, die ebenfalls im Januar, Februar blühen? Sie bedienen sich des Luftstroms, Windes, Sturms. Der Pollen treibt als wehende Blütenstaubwolke den weiblichen Blütennarben zu. Dieser Windblütler-Mechanismus setzt voraus: Die einzelnen Pollenkörner sind glatt, leicht und verkleben nicht untereinander.

Mikroskopische Untersuchungen bei Mistelpollen fördern jedoch das Ge-

54

55

56

57

58

59

60

61

fehlt nur ein kleiner Schritt zur eigenen Erfahrbarkeit dieser Heilkraft. Im Augenblick solcher Begegnung kann ich auf jegliche chemische Analyse von Inhaltsstoffen verzichten. Ich erlaube mir sogar noch einen weiteren, wesentlichen Sprung: Ich werde geheilt ohne Einnahme von Extrakten, ohne Injektionen, ohne die Pflanze zu töten. Ich heile aus der geistigen Verbindung zwischen Pflanze und Mensch, da wir letztendlich gleichen Ursprungs sind. Dort umfängt uns eine heilsame Ruhe.

Ich möchte Sie zur Gebärdensprache der Ruhe einladen:

Gebärdenübung 3

Suchen Sie sich einen stillen Ort. Für den Anfang empfiehlt sich ein freies Feld, ein einsam stehender, mit weit ausladenden Ästen schützender Baum. Umrunden Sie den Baum und spüren Sie dabei in die vier Himmelsrichtungen. Halten Sie einige Atemzüge lang inne, bevor Sie die Himmelsrichtung wechseln. Dergleichen können Sie auch auf freiem Feld, in ihrem Garten oder in einem gut gelüfteten Zimmer vollziehen.

Stellen Sie sich breitbeinig und bequem in die Himmelsrichtung, die Sie am stärksten anzieht. Diese kann bei jeder Übungssequenz wechseln und zeigt Ihnen Ihre innere Flexibilität.

Legen Sie die Handflächen übereinander und schützend über den Bereich unterhalb Ihres Nabels. Nehmen Sie drei tiefe Atemzüge. Danach lassen Sie Ihren Atem frei fließen, beobachten das Ein und Aus ohne Anstrengung. Bleiben Sie locker in den Knien.

Nach einiger Zeit lösen Sie die Hände, weiten Sie die Arme, als ob Sie eine überdimensional große Mistelbeerenkugel umfassen wollten. Gehalten und gestützt wird die Kugel von der Luftsäule darunter. Entspannen Sie sich also in Ihren Schultern.

Langsam heben Sie die Arme und fühlen, wie die Luftsäule die Kugel hoch trägt über ihren Kopf. Entspannen Sie in den Schultern. Richten Sie die Handflächen auf. Ihre Finger bilden Antennen zum Kosmos. Atmen Sie von den Füßen zu den Fingerspitzen und umgekehrt. Wenn Sie in den Armen rasch ermüden, senken Sie die Kugel bis unter Schulterhöhe und beginnen Sie nach einer Erholungspause von neuem die Arme hoch tragen zu lassen. Zum Beenden der Übung führen Sie die Fingerspitzen zusammen, senken beide Arme, legen die Handflächen schützend übereinander auf den Herzraum. Lassen Sie sich Zeit zum Nachspüren. Legen Sie danach die Hände wieder schützend auf das Dan Tian.

Zunächst werden Sie vielleicht jede Haltephase nur einige Atemzüge lang entspannt ausführen können. Jeden Tag steigern Sie um drei Atemzüge mehr und Sie werden staunen, wie rasch Ihr Atem an Umfang und innerer Kraft gewinnt.

Nicht zuletzt mit Hilfe dieser Übung durfte ich das Mistel-Heilungswunder während meiner Krebserkrankung an mir selbst erfahren. Es bestätigt, was die keltischen Priester, die Druiden, in der Mistelbeere sahen: «Das Sperma des kosmischen Stiers», d.h. die unübertreffliche, unerschöpfliche, ständig sich neu gebärende Schöpferkraft und universale Heilkraft. Ich wage dies auszusprechen, allen naturwissenschaftlich-medizinischen Gegenargumen-

Abb. 58 – 61: Von der Blüte zur Frucht:

Abb. 58: Die vier Blütenblätter lösen sich.

Abb. 59: Der Fruchtknoten schwillt an.

Abb. 60: Strahlenfrucht mit Narben der Blütenblätter und des Griffels.

Abb. 61: Wie gehämmertes Silber schimmert die Beerenhaut.

Abb. 62: Durch die transparente Beerenhaut schimmert grün der Embryo.

Abb. 63: Aus einem Embryo entwickelter 3-jähriger Spross – aus dem Fächer entsteht Skulptur.

Abb. 64: Fleischige Beerenhaut und schützende Schleimschicht bergen den Embryo.
Abb. 65: Apfelmistelkern mit zwei Embryonen.
Abb. 66: Längsschnitt durch Apfelmistelfrucht und Embryonen.
Abb. 67: Die Zähigkeit des Beerenschleims bewirkt die Haftung am Ast.

ten zum Trotz, aber zur Hoffnungsquelle für viele, die zwischen der ahnungsvollen Weisheitssprache ihres Körpers und der Ansicht mancher Ärzte in Verwirrung geraten.

Kehren wir zur Mistelbeere am Strauch zurück und greifen wir nochmals die Frage auf: Wie erkennt ein Vogel die weiße Mistelbeere im Schnee? Gewiss, die glatten Oberflächen der Mistelblätter schütteln die weiße Decke oftmals rasch ab. Dann leuchten die Beeren aus grünem Grund. Weit verlockender aber ist ihr Duft.

Duft scheint die zarteste Versuchung für einen Vogel im Winter zu sein. Wie oftmals im Leben, folgt auf die Versuchung die Enttäuschung. Zerdrückt der Vogel die weiche weiße Beere, verklebt alsbald sein Schnabel. *Viscum album*, wörtlich übersetzt «der weiße Schleim», in Wirklichkeit eine transparente Klebemasse, füllt die Beeren, umhüllt das zukünftige Leben, den Keimling. Nach dem Verspeisen der Mistelbeeren führen Vögel langwierige Wetzakte an Ästen aus, um den lästigen, zähen Schleim loszuwerden. Schließlich stellt sich der Erfolg ein und zwar ein doppelter. Der Schnabel ist wieder sauber und der «Same» der Mistel klebt dort, wo er eine neue Generation ins Leben rufen kann. Wer hat sich all dies ausgedacht?

«Aus Erfahrung klug», möchte ich die Misteldrossel nennen. Sie schluckt die Beeren ganz, verklebt sich nicht den Schnabel, scheidet die Leimmasse unverdaut als Klumpen – auf ihrem Ast sitzend – aus. Auch das überlebt der «Mistelsame» unbeschadet: den Durchgang durch den zermalmenden Vogelmagen, das Anätzen durch Säuren im Vogeldarm, den Ausschluss von Luft in der Dunkelkammer. Aus unserer menschlichen Sicht ist das ein schamanischer Geburtsprozess, der unserem eigenen Geborenwerden durchaus gleicht.

Was aber wird dort zur Geburt auf dem Ast abgelegt? Ist es Frucht? Ist es Same? Ist es Keimling?

Die Botanik rückt zurecht: Die weiße Kugelbeere ist nicht Frucht, da die Sprossachse zur Bildung der Beere mit einbezogen wird. Im Fruchtknoten werden keine Samenanlagen gebildet, sondern Embryosäcke. Aus ihnen entstehen Embryonen. Zusammen mit ihren Schutzhüllen, dem inneren grünen Endospermkörper und dem äußeren, netzartig weißen Endokarp, bilden sie den Kern. Die grüne Nährschicht, die dem Embryo das Keimen ermöglicht, enthält fettes Öl.

Die Schleimhülle ist ein komplexes Gebilde aus mehreren Schichten. Dadurch gelingt es dem Embryo, unversehrt Vogelmagen und -darm zu passieren. Schleim kann Wasser aufnehmen und abgeben und dadurch auf äußere Temperaturschwankungen, Regenzeiten und Trockenperioden reagieren. Die tropischen *Loranthaceen* bilden noch zäheren Kautschuk aus. Dies sichert den Embryonen unter extremen Bedingungen das Überleben.

Die Suche nach der Bedeutung des zähen Schleims, der den Mistelkeimling umgibt, förderte bei Reihenversuchen interessante Ergebnisse zutage. Samen von anderen Pflanzen, wie zum Beispiel Kressesaat, aber auch Bakte-

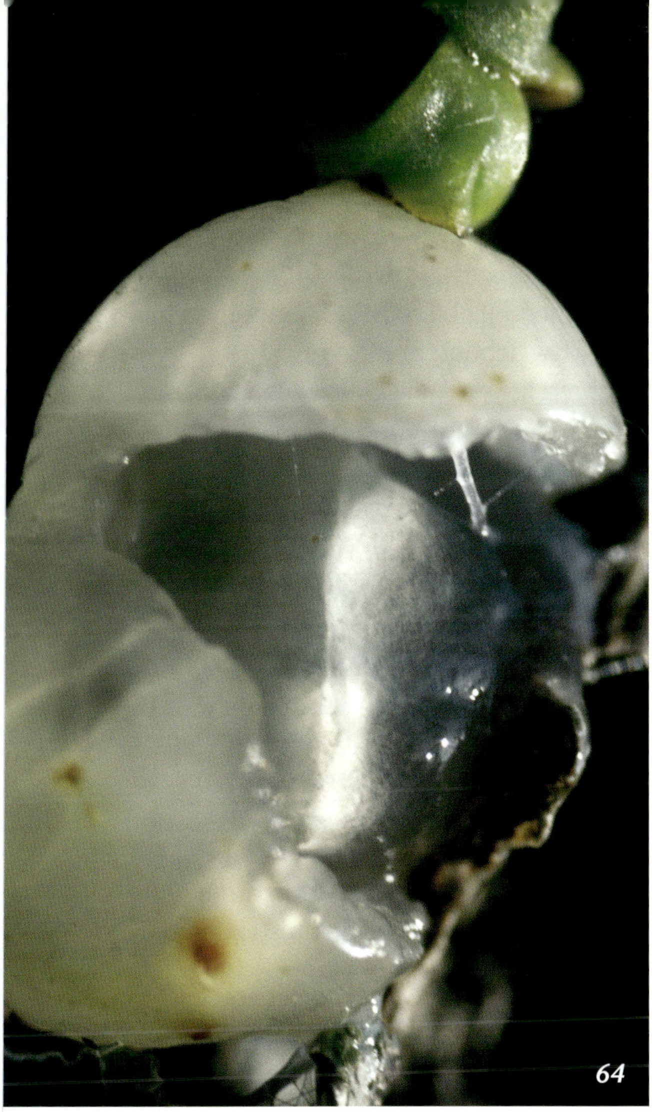
64

65

66

67

68

69

70

71

Das neue Leben

Wann und vor allem wie beginnt das neue Mistelleben? Mit der Ablage des Embryos auf der Rinde ist er sich selbst überlassen. Nackt liegt er da. Falls Schleim und Außenhülle vorhanden sind, trocknen sie rasch aus. Besinnen wir uns nochmals: Die Blütenanlage liegt mindestens 20 Monate zurück. Die beteiligten Organe befanden sich in einem unendlich langsamen, aber beständigen Wachstumsprozess. Jetzt scheint zunächst Ruhe einzukehren – doch nicht sehr lange.

Zunehmendes Sonnenlicht und feuchte Frühlingswärme locken die Embryonen aus ihrem «Mutterschoß». Im Gegensatz zu vielen Keimlingen benötigt die Mistel Himmelslicht für ihre ersten Entwicklungsschritte. Sie ist ein Lichtkeimer. Mit dem «Fuß» voran schiebt sich ein grünes Glied heraus, führt suchende Bewegungen aus, krümmt sich der Rinde zu. In diesem Stadium gleicht die Mistel einem Zwischenwesen zwischen Pflanze und Tier. Berührt sie das geeignete Nährsubstrat, hört jegliche Eigenbewegung auf. Der «Mittelfuß» verlängert seine Zellen. Die entstehende Kuppe bildet eine Haftscheibe mit drüsigem Charakter und der Fähigkeit, aus ihrer Außenhaut eine schleimige Masse auszuscheiden.

Die Haftscheibe stellt ein erstes Gelenk des späteren Gelenkgerüstes der Mistel dar. Ich möchte sie als Urgelenk definieren, das zum Modell aller folgenden Gelenke wird.

Vom zentralen Teil der Haftscheibe wird der Senkerteil in das Gewebe des Baums getrieben. Der Keimling klebt fest. Erst später wird es ihm möglich, sich aufzurichten. Während all dieser Schritte verarbeitet der Keimling bereits das Sonnenlicht. Er führt autonome Stoffwechselprozesse durch. Das gesamte Wachstum des Keimlings ist auf den Wurzelbereich konzentriert, der – völlig aus der Reihe tanzend im Pflanzenreich – ebenfalls Chlorophyll enthält. Die zunächst angelegten Keimblätter trocknen aus, fallen ab, ohne die Nachfolgeblättchen gespeist zu haben. Im Innern des Gewebes laufen die Zellbildungsprozesse sehr viel schneller ab. Sie werden sichtbar in der Lockerung des Rindengewebes und in der Bildung eines «Knotens». Äußerlich gleicht dieser den Krebsgeschwülsten an Apfelbäumen auf Wasseradern. Aufgeschnitten finden wir juveniles, kräftiges und strukturiertes Gewebe. Für mich erhebt sich die Frage, ob mit dem Eindringen der Mistel gesunde immunologische Reaktionen im Gewebe des Wirtsbaums ausgelöst und zur Heilung anderer Bereiche transportiert werden? Die Frage beruht auf meiner Beobachtung, dass an geschädigten Bäumen die von Misteln besetzten Äste jünger und gesünder wirken.

Wurzeln wissen wo's lang geht. Die Wurzelspitze ist ein Fühl- und Kriechorgan, ein Minilabor, allein auf dem Weg in die Dunkelheit. Wurzelspitzenhaare ertasten Pfade der Feuchtigkeit, der Nahrung durch die Dunkelheit der Erde. An der ganzen Pflanze kommt keine Zelle der Zartheit gleich, die den

***Abb. 68:** Im Kotklumpen der Misteldrossel hängen zahlreiche Apfelmistel-Kerne.*

***Abb. 69:** Bei Feuchtigkeit keimen die Embryonen innerhalb von 8 Tagen.*

***Abb. 70:** Zwei Embryonen haben ihr gemeinsames Speichergewebe aufgezehrt und verankern sich getrennt.*

***Abb. 71:** Einjähriger Embryo mit restlichem Speichergewebe.*

Wurzelspitzenbereich auszeichnet. Dennoch wirkt von dort aus eine Kraft, die Felsspalten aufbricht, Gestein und Mineralien auflöst, metertiefe Bohrungen durchführt.

Obgleich die Mistel keine Wurzeln und keine Wurzelhaare in diesem klassischen Sinn ausbildet, wirken vergleichbare Kräfte zur Erschließung ihres Wohnortes.

Ich greife auf meine eigenen Beobachtungen bei der Apfelmistel zurück. An einem zweijährigen Ast sitzt ein aufgerichteter Mistelkeimling. Unweit entfernt fällt eine Verdickung des Holzes auf und ein kleiner Mistelbusch strebt dem Licht zu. Beim Schichtweisen Lösen der Rinde, des darunter liegenden grünen Kambiums, blinkt mir ein kraftvoller Senker entgegen. Er läuft spitz zu wie ein Pfahl, der ins Holz des Apfelbaums getrieben wird. In Rindenschichten tauchen weitere grüne Wurzelgebilde auf. Ich bin geneigt, sie als Sprosse zu bezeichnen, da ihre Enden sich blattartig verzweigen und sie sich innerhalb des Rindenbereichs vernetzen, wie es Rhizome der Arnika in der Humusschicht tun. Die Zellen der Rindenwurzelsprosse teilen sich konstant, während die Zellen der Senker sich zyklisch vermehren im Einklang mit dem Wachstumsrhythmus des Wirtsbaums.

Wo ist die Quelle, die Wasser- und Nährstoffquelle? Was geschieht, wenn die Mistel den Quelltopf gefunden hat?

Die preußische Akademie der Wissenschaften stellte im Jahre 1918 eine Preisaufgabe: Es wird eine genaue anatomisch-physiologische Untersuchung des Saugorganes der Mistel gewünscht, und zwar mit besonderer Berücksichtigung ihres Anschlusses an das Wasserleitungssystem der Wirtspflanze.

Aus der regen Forschungsarbeit sind die Erkenntnisse H. Melchiors aufschlussreich: Zellen aus dem Zentrum der Haftscheibe sprengen die eigene Oberhaut, schieben sich zwischen die Korklamellen der Rinde. Mit ihrem konstanten Wachstum spalten sie das lebende Rindengewebe der Wirtin, bilden Sekundärsenker, dringen durch die Bastschicht, durch das Kambium bis zu den verholzten Elementen des letzten Jahresringes vor. Dort setzt die Wirtin dem Vordringen ein Ende. Die Spitze des Primärsenkers hat weder die Kraft, das Holzgefüge zu sprengen, noch ein Ferment, verholzte Zellen aufzulösen. Der Mistelsenker ist zwar gut verankert, aber auch eingeschlossen. Sein Dickenwachstum findet nur im Rindenbereich Fortsetzung. Zellen mit großen Kernen entwickeln Wasserleitungsorgane, welche sich untereinander vernetzen und Anschluss an das Leitungssystem der Wirtin finden.

Die neue Partnerschaft beginnt oder beginnt auch nicht!

Wählst du mich, so wähl ich dich

Der Bauer «An der Steige» verflucht die Misteln auf seinen Apfelbäumen: «Die machen alles kaputt!» Die Bäuerin hingegen verflucht das Gesetz, das fast hundert Jahre lang forderte, die Misteln von allen Bäumen zu entfernen. «Das hat sie erst recht zum Wachsen gebracht! Die Mistel selbst tut unseren Bäumen nur Gutes! Ohne Mistel wächst hier kein Apfelbaum an!» Die Apfelbauern von Savoyen stellten sich im ausgehenden 19. Jahrhundert geschlossen gegen die Erlasse zum Schutz der Obstbäume, wehrten das Entfernen der Misteln mit Entschiedenheit ab: «Wird die Mistel am Obstbaum zerstört, geht der ganze Baum zugrunde. Wir ernten Äpfel von Mistelbäumen ohne Einbuße!»

Im Winter voller Misteln – im Frühling voller Blüten – im Herbst üppige Früchte.

Die Dichterin Annette von Droste-Hülshoff kleidet die Frage nach der Auswirkung der Mistel auf Apfelbäumen in Verse:

«Wie kann der alte Apfelbaum / so lockre Früchte tragen / wo Mistelbusch und Moses Flaum / aus jeder Ritze ragen?»

Shakespeare stellt nicht in Frage, er definiert die in England hoch verehrte Mistel in seinem *Titus Andronicus* als «schädlichen Baumverderber» zusammen mit «erstickendem Moos».

Doch die Mistel überdauert alle Verehrung und alle Ablehnung. Sie taucht unter und taucht wieder neu auf im Bewusstsein der Menschen.

«An der Steige» hinter Göppingen tragen fast alle Apfelbäume Misteln. Frei von «Befall» stehen junge und alte Birnbäume, Zwetschgenbäume und Wildkirschen. Wer unterscheidet, wo die Mistel Einlass bekommt? Wo sie wachsen kann, wo nicht? Die Misteldrossel? Erkennt sie den Baum, auf dem sie den Schleimklumpen mit den potenziellen Embryonen ablegt: Apfelmistelbeere zu Apfel, Lindenmistelbeere zu Linde, Tannenmistelbeere zu Tanne …? Gibt es ein Grundgesetz, das aus höherer Warte zuordnet?

Mistelforscher spielten Misteldrossel, legten Embryonen der Apfelmistel auf Birnbäumen ab, weil sie auf diesen weit seltener vorkommt. Schritt für Schritt folgten sie der Entwicklung. Lange Wochen geschah das Erhoffte: Die Embryonen wagten sich aus den Keimblättern, krümmten sich der Rinde zu, hafteten an. Unerwartet starben sie plötzlich ab.

Es starben aber nicht nur die Mistelkeimlinge, auch das Rindengewebe der Birnbäume wies abgestorbene, dunkle Zellen auf. Parallele Versuche auf Apfelbäumen führten zum Eindringen des Mistelsprosses in die Rindenschicht des Apfelbaums.

Die Wiederholung dieses Versuchs erstaunt Wissenschaftler und Laien gleichermaßen. Der Mistelembryo sondert ein Substrat ab, das die Fähigkeit zur Auflösung von Rindenzellen des Baumes in sich trägt. Der Apfelbaum reagiert darauf mit dem Signal: Willkommen! Der Birnbaum mit der Botschaft:

72

73

74

75

76

77

Gefahr! Zahlreiche Zellen, auch solche, die nicht direkt in Berührung mit dem Mistelsubstrat kommen, sterben ab. Der Embryo findet kein Nährgewebe, keinen Halt. Anstelle von geweiteten, geöffneten Zellen zum Einlass des Wirtes, entwickelt sich Kork, der jegliches Eindringen eines Fremdkörpers abwehrt. Botaniker sprechen von «mistelholden» und «mistelunholden» Bäumen. Apfelbäume, Linden, Robinien, Weiden, Birken, Vogelbeeren und Eschen reagieren mistelhold, Birnen hingegen nicht.

Das sensible System der Abwehr von Infektionen kennen wir von uns Menschen. Immunabwehr bedeutet Schutz für das gesamte System. Nicht immer gelingt es, eine Infektion beim ersten Mal erfolgreich abzuwehren.

Übersteht der Körper dennoch den Angriff, reagiert er beim zweiten Mal rascher oder die Infektion kann ihm nicht mehr so viel anhaben, da im Blut Antikörper schwimmen.

Bei der Mistel und ihrer Beziehung zur Wirtin spielen sich vergleichbare Vorgänge ab. Gelingt die Abwehr des ersten Embryos nicht, erfolgt eine Immunisierung, wie wir sie mit unseren Impfungen beim Menschen künstlich durchführen. Diese Mistelversuche lassen erahnen, welche Stoffwechselkräfte, die zu tiefen Zellveränderungen führen, das Mistelwesen in sich trägt. Diese überragenden Eigenschaften kommen in der Therapie mit Mistelpräparaten zum Einsatz.

Exakte Beobachtungen der verschiedensten Beziehungen zwischen der Mistel und dem Baum führen zu einigen klaren Aussagen: *Viscum album platyspermum*, die Laubholzmistel, kann auf vielerlei mistelholden Laubbäumen Fuß fassen, schwerlich aber auf Birne, Zwetschge, Eiche. Niemals gedieh ein Mistelbusch auf Ginkgo, Buche oder Eibe. Diese drei Baumarten widersetzten sich allen Versuchen, die Mistel künstlich anzusiedeln. Die Tannenmistel gedeiht nur auf Weißtannen. Die Kiefermistel schafft es in Ausnahmefällen, sich auf Fichten anzusiedeln.

1906 berichtet Prof. von Tubeuf von einer 25 m hohen Fichte bei Kaltern, die in der Nähe von Kiefernwaldungen stand. Die Kiefern waren extrem stark befallen und diese einzelne Fichte auch. Fichten zählen zu den «Mistelholden».

1985 fanden die Biologen Grazi und Zemp den ersten gemeinsamen Wirt von Laubholz- und Kiefernmistel: der Ginster Genista cinerea ist beiden Mistelarten hold! Das Beispiel zeigt, wie sehr wir uns hüten müssen, über das Verhalten der Mistel irgendwelche unumstößlichen Aussagen zu dokumentieren.

Welche Worte treffen die wahrhaftige Beziehung zwischen Mistel und Baum? Sämtliche Botanikbücher verwenden für die Paarkonstellation Parasit, Schmarotzer und Wirt. Nach unserem alltäglichen Sprachverständnis nimmt ein Schmarotzer auf, was immer er bekommen kann, ohne einen Gegenwert zurück zu geben. Im sozialen Gefüge verhält er sich wie ein Ausbeuter. Nimmt das Schmarotzertum überhand, bricht das System zusammen. Letztere Befürchtung hat der Mistel über Jahrzehnte in weiten Arealen in

***Abb. 72 – 77:* Eindringen der Mistel in den Wirtsbaum:**

***Abb. 72:* Der Chlorophyll tragende Senker der Apfelbaum-Mistel assimiliert auch ohne Licht.**

***Abb. 73:* Verzweigung des Senkers im Kambium führt zur vegetativen Vermehrung.**

***Abb. 74:* Erneuerung und Schwellung des Gewebes nach Einnistung der Tannenmistel.**

***Abb. 75:* Chlorophyllfreie Senker der Tannenmistel.**

***Abb. 76:* Herausgezogener Senker aus morschem Tannenmistelholz.**

***Abb. 77:* Von Senkern durchlöchertes Gewebe.**

7

79

80

81

82

83

Deutschland, Österreich und der Schweiz den Garaus bereitet. Zum Meeting der Proc. Western Plan Growing Society 1989 lag ein Bericht über den wachstumshemmenden Einfluss von Ethephon vor. Aufgesprüht oder mit Hilfe von Bandagen an der Baumrinde angebracht, konnte die Mistel in einigen Fällen 100-prozentig vernichten. Nach einem Jahr trieb die Mistel jedoch aus ihren Haustorien wieder ungehindert aus. Vom Menschen ersonnene Methoden zur Pflanzenvernichtung, die zum Aussterben unzählig wertvoller Arten geführt haben, konnten der Mistel nichts anhaben. Sie zeigt zur Hoffnung für alle Heilungssuchenden eine unerschöpfliche Durchsetzungskraft.

Abb. 78: Mistelgebiet «an der Steige» mit starkem Drehwuchs der Stämme.

Abb. 79: Die Mistelblüte lässt den Baum golden erstrahlen.

Abb. 80: Einige Wochen nach der Blüte: Rückbildung des Carotins und Entwicklung junger, grüner Sprosse.

Botanisch korrekt ist die Mistel allenfalls ein Halbschmarotzer. «Halb» heißt: Die Mistel assimiliert selbst aufgrund ihres Blattgrüns, ist aber an das Wasserleitsystem des Baums angeschlossen. Damit erhält sie nährendes Wasser, angereichert mit Mineralstoffen, die sich der Wirtsbaum in der Erde und mit seinen organischen Stoffwechselprodukten aufgeschlossen hat.

Die Mistel produziert in eigener Regie Zucker, Stärke, Fette, kurzum organische Nährstoffe, die sie im Flüssigzustand auch in den zentralen Kreislauf ihrer Wirtin einspeist. Sie nimmt und gibt, da im gemeinsamen Wassersystem Strömungen und Gegenströmungen nachzuweisen sind.

Manche definieren heute Krebs als eine Mangelkrankheit: Ich gebe zu viel und nehme mir zu wenig. Wir Frauen empfangen zwar gerne, aber wir nehmen uns oftmals zu wenig, d.h. Strömung und Gegenströmung fließen nicht im labilen Gleichgewicht.

Gebärdenübung 4

Mit der Gebärdenübung Mistel – Baum können wir uns testen und gegebenenfalls ein neues Gleichgewicht erlangen.

Wir nehmen den gewohnten, breitbeinigen Stand ein und bringen unsere Hände zur Begegnung in Herzhöhe. Die linke Handinnenfläche zeigt nach unten, die rechte Handinnenfläche nach oben. Die linke Hand sinkt, während die rechte Hand steigt. An der tiefsten, bzw. höchsten Stelle wechseln die Handflächen die Richtung. Jetzt sinkt die rechte Hand mit Innenfläche nach unten, die linke steigt nach oben. An der Stelle, an der sich die Hände beim unaufhörlichen Auf und Ab begegnen, nehmen wir bewusst wahr, dass ein Wechsel stattfindet. Der Atem schwingt rhythmisch auf und ab. Zum Beenden der Übung kreuzen Sie die Hände über dem Herzraum und spüren lange nach. Dann legen Sie die Handflächen schützend über einander auf das Dan Tian.

Das ist eine Übung, die wir oftmals am Tag zwischendurch ausführen können. Am Anfang zeigt sich, welche Richtung wir betonen: das Abgeben oder das Nehmen. Nach längerem Üben spüren wir den Ausgleich, der sich in alle Bereiche unseres Lebens hinein ausdehnt.

Abb. 81: Ein von Efeu umschlungener Apfelbaum mit Mistelkrone.

Abb. 82: Drehwuchs beim Apfelbaum weist auf Erdstörungen hin.

Abb. 83: Üppige Blüte trotz Mistelbesatz.

Bei Laubbäumen, die im Herbst ihre Blätter abwerfen, kommt das Gleichgewicht im Winter ins Stocken. Jetzt ist die Mistel die einzige Aktive. Die immergrüne Mistel, stärker als zuvor im blattfreien Geäst dem Himmelslicht ausgesetzt, assimiliert weiter, insofern sie jung und noch nicht im Blütenprozess begriffen ist. Der Laubbaum hat zwar für mehrere Monate sein Leitungs-

Die Mistel in der Kulturgeschichte

Uil'ice – Mil'ioc – alles Heilende – allerheiligste Pflanze

Nichts haben die Druiden – so nennen sie ihre Priester –, was ihnen heiliger wäre als die Mistel und der Baum, auf dem sie wächst, die Eiche, robur.

Woher nahm das Volk der Kelten, woher nahmen ihre Priesterinnen und Priester, die Druiden, die Kenntnisse und wie wurden sie weitergegeben? Die Silbe DRU ist die Umkehrung des Namens der Schicksalsgöttin URD. Umdrehung oder Umkehrung war ein ägyptisches Prinzip und hat sich von dort ausgebreitet. URD steht für Vergangenheit, Wurzel der Weltenesche Yggdrasil, DRU für Baum. DRU WEDA war das Wissen vom Baum, die DRU IDEN die Hüterinnen des Wissens aufgrund ihrer Erkenntnisse.

Die Kelten hinterließen keine Schriftdokumente, aber zahlreiche in Holz geritzte, geschnitzte, in Stein gehauene, in Gold geprägte, in Silber geschmiedete Kostbarkeiten. Münzen erzählen Geschichte – und es bestehen bis heute in den nachkeltischen Hochburgen, der Bretagne und in Wales, Rituale aus vorgeschichtlicher Zeit.

Wie die Kelten bis auf den heutigen Tag ihr Wissen und Geheimwissen vor allem mündlich, in Bardendichtung und Ritualen weiterreichen, erlebte ich beim Eisteddfod auf Anglesey im Norden von Wales.

***Abb. 84:** Locker und luftig hängt die Lindenmistel im Zwischenraum.*

Die Mistel, besungen in einem der Bardenlieder, besingt sich selbst:

Der Tag der kein Tag ist
Verlangt einen Baum
Der kein Baum ist
Von niedrigem und doch hohem Wuchs
Wenn die bleichende Herbstgöttin
Ihre Blätter abwirft
Sprießen meine Blätter frisch an ihren Zweigen
Wenn der Wildapfel seine köstlichen Früchte abschüttelt
Reifen meine all-heylenden Früchte an seinen Zweigen
Denn hier leuchte ich weiß und grün
Und woanders golden

Abb. 85: Die Gleichzeitigkeit von Blüte und Frucht hebt die Mistel aus dem Jahresrhythmus heraus.

Diese Worte erlauben uns einen Blick in die Kosmogonie und das Weltbild des Volkes, das wie kein anderes die Mistel in ihrem besonderen Wesen real und spirituell erkannte.

Das Leben ersteht aus dem Tod, das Licht aus der Dunkelheit, der Tag aus der Nacht. Das Jahr beginnt mit dem Spätherbst. An Samhain oder Samfuin, dem 1. November, feierten die Inselkelten des Sommers Ende. Die Nacht vor Samhain wurde als in der Luft hängend empfunden. Der Sommer hatte mit dem Tag geendet. Der Winter fing mit dem neuen Tag an. Die dazwischen liegenden 12 Stunden fielen zwischen die Zeiten. Es ist dies: «Der Tag, der kein Tag ist!» Diese Stunden waren für die astronomisch und astrologisch gelehrten Kelten eine nicht benennbare Zwischenwelt. Die unbestimmbare Zeit galt als Ewigkeit, als Summe aus Vergangenheit, Gegenwart, Zukunft. Die Mistel, das Zwischenwesen, nicht in der Erde wurzelnd, nicht im Himmel schwebend, ist die Mittlerin zwischen diesen Welten. Sie grünt, wächst, blüht, leuchtet golden, fruchtet entgegen dem Zeitenlauf. Sie ist der «Baum, der kein Baum ist …»

Die Mistel verkörpert nicht nur Zwischenzeit, sondern auch Zwischenraum. Sie kennt kein oben und unten als Polarität. Sie macht sich frei von der Abhängigkeit, die Auftrieb und Schwerkraft, Licht und Dunkel auslösen können. Heftigen Disputen unter Mistelgelehrten über ihren Heliotropismus und ihren Geotropismus setzt sie ihre sphärische Gestalt entgegen, kugelt sich im Geäst. Sitzt sie auf der Tanne meist heliotrop, der Sonne zugewandt, lässt sie

Abb. 86: In der Luftströmung gebildete Kugelgestalt der Pappelmistel.

Abb. 87: Zum Vergleich: Kugelalge Nostoc im heiligen See von Winsococha, Peru.

sich von der Kiefer geotrop, der Erde zugeneigt, herabfallen. Wie die Mistel: real und doch nicht fassbar, so war für die Kelten die Anderswelt allgegenwärtig, unfassbar, wissend, mächtig. So ist auch die Mistel mächtig, übermächtig. Sie widersetzt sich sogar den Jahreszeiten, die der Dagda auf der Harfe herbeispielte. Der Dagda war Obermagier, Erzdichter, Gott der Druiden, der fortwährend den Kosmos erneuert und erhält, ein Sohn der Danu, der Mutter des irischen Göttergeschlechts.

Ein anderer Gott, der die Wachstumskräfte beherrschte, war Esus. In seiner Verantwortung lagen die Bäume und alles, was dazugehörte: Der heilige Ort, an dem sie standen, die heiligen Früchte, die sie schenkten, die Blätter, die Blüten, das Holz. Aus diesem arbeiteten die Kelten durch grobes Behauen Stelen, die ihre Botschaften in den tiefsten Schächten bewahrten.

Der Baum, der Stammbaum bildete den Lebensnerv einer Gemeinschaft. Im Zentrum der Verehrung stand die Eiche. Sie heilte Schwächezustände, Vergiftungen, Magen-Darmleiden, schützte den Verstorbenen über den Tod hinaus mit Lebenskräften. Ihre Früchte, die Eicheln, wurden vor Samhain gesammelt. Roh gegessen, veränderten sie das Bewusstsein, erlaubten den Blick in die Anderswelt. Die Mistel, die von solch mächtigem Baum stammte, stand dem Baum an Kraft nicht nach. Die Mistel konnte alle Krankheiten heilen und Unfruchtbarkeit bei Mensch und Tier beheben. Sie regte in höchstem Maße die Lebenskräfte an und stärkte sie.

Abb. 88: Keltengott Esus mit Mistelohren und Mistelblätterkette.

Esus ist als zweiter in der Götterhierarchie der Kelten auf Darstellungen identisch mit dem Gott mit den «Mistelblättern». Er gehört zu den drei Göttern, denen Menschenopfer gebracht wurden.

Ob in Stein auf der Pfalzfelder Säule im Rheinischen Landesmuseum in Bonn, der Grabstele von Rottenburg, dem Janus von Holzgerlingen oder vielen anderen, sein Kopf liegt eingebettet zwischen überlebensgroßen Mistelblättern anstelle der Ohren.

Was hört er? Was raunt die Mistel ihm zu? Haben das Mistelraunen und das Werfen der Mistelstäbchen, der Sprossglieder zu den Runen geführt?

Halten Sie sich einmal die Ohren zu und lauschen Sie in sich hinein. Dann hören Sie das Blut in ihren Adern strömen und Geräusche, die sie nur als heranwachsendes Wesen im Mutterleib in dieser Lautstärke kannten. Auf dem Weg, ein Schamane zu werden, zählt es zu den Aufgaben, Reisen durch die inneren Welten, Gefäßwelten und Leibeshöhlen-Welten zu vollziehen. Im Ohr, in der Ohrmuschel, befinden sich Akupunkturpunkte, die mit unserer Wirbelsäule, aber auch mit inneren Organen über Energie-Leitungsbahnen in Verbindung stehen. Prof. Nogier, der führende Ohrakupunkteur in Frankreich, zeichnete – aufgrund seiner Studien in China und Japan – den Menschen im Ohr in seinem embryonalen Stadium nach. Anatomisch gesehen ist das Ohr das Tor zum limbischen System, der Brücke zum Zentralnervensystem, ein Ort, an dem Prozesse zur Entstehung der Kreativität laufen. Die Fantasie, die Künste entsprangen für die Kelten der Anderswelt, dem Zwischenraum, in dem sich Realität und Geisteswelt begegnen. Das Ohr ist das Tor zur Welt des Geistigen, in dem das schöpferische Denken entsteht, aber auch zur Welt der Geister. Bis hinein ins Mittelalter finden sich Abbildungen der Seele, wie sie im Augenblick des Todes den Körper durch das Ohr verlässt. Das Ohr ist also ebenfalls ein Tor zum Betreten der Anderswelt. Diese hatten die Kelten auf Inseln angesiedelt. Eine davon ist Avalon, die Apfelinsel, die Apfelmistel-Insel.

Abb. 89: Verschiedene Mistelornamente auf völkerwanderungszeitlichem Goldbrakteat von Dannau-C nach Karl Hauck.

Die Kelten waren Kopfjäger. Der Schädel umschloss das Übersinnliche und bezog daraus die Lebenskräfte für den ganzen Menschen. Erst der Kopf machte ihn zum lebenden Individuum. Der Kopf als Kessel des Wissens wird zum Zeichen für spirituelle Gesundheit. Er ist der Sitz der «unsterblichen Seele». Die Götter sind auf den Darstellungen der Kelten oftmals kopflastig, d.h. sie bestehen ganz aus gesammelten Lebenskräften, der Sonnenkraft und dem kosmischen Feuer. Die größte Dimension nahm der Kopf von Bran ein. Bran, der Gesegneter heißt, gibt im Kampf seinen Kopf als Brücke hin. Er stirbt zwar, aber er bietet mit seinem Brücken-Kopf den Übergang von Leben zu Leben.

Aus den Mistelblättern entwickelten sich in späteren Jahrhunderten Hirschgeweihe. Ein aus Holz geschnitzter Hirsch aus dem Schacht von

Fellbach-Schmieden schmiegt sein überdimensionales Ohr, das einem Mistelblatt gleicht, in das Geweih. Der Hirsch war die Verkörperung der Muttergöttin und des zyklischen Elementes der keltischen Mythologie. Die Hirschkuh steht für Fruchtbarkeit und Verwandlung.

In völlig anderer Gestalt erscheint mir die Mistel in den Figuren der «Genii cucullati» von Housesteads, gefunden beim Hadrianswall in Northumberland, die bisher kein Historiker deuten konnte. Aus geschlossenen Kapuzenmänteln lugen zeit- und geschlechtslose Menschengesichter und jeweils zwei Füße. Die geschlossene Form entspricht dem Kern der Mistelbeere in dem Augenblick, da der Embryo eine kopfartige Ausstülpung zeigt. Das Netzmuster auf den Kapuzenmänteln ähnelt vollkommen den weißen Vernetzungen des schützenden Endocarps, das den Kern der Mistelbeere vor dem Austrocknen und daher Absterben schützt. Vor allem die Apfelmistelembryonen gleichen in ihren ersten Entwicklungstagen den «Genii cucullati». Einzeln oder in Triaden – oft als Begleiter der Muttergöttin – erscheinen sie, genauso wie die Mistelembryonen einzeln oder zu mehreren auf den Ästen abgelegt werden. Die aus ihnen hervorgehende Pflanze wird ebenfalls zur Stamm-Mutter für viele Geschlechter. Auf anderen Darstellungen hält einer der «Cucullati» ein Ei in der Hand und verstärkt dadurch das Sinnbild vom neuen Leben, das aus einer Zelle entspringt. Andere «Cucullatis» halten Schwerter. Vielleicht ein Hinweis auf den Mistelsenker, der das Holz durchbricht, was von außen betrachtet wie ein Schwerthieb erscheinen mag. Wir erinnern die altgermanische Bezeichnung MISTELTEEIN!

Abb. 90: Die Mistelembryonen verbergen sich in der Darstellung der Genii cucullati.

Die Verbindung mit dargestellten Krähen verstärkt das Bild der Stammmutter und der größten Heilerin. Vögel galten im zyklischen Denken der Kelten stets als Bindeglieder. Auch heute noch verbinden sich Schamanen und Schamaninnen mit der Krähe als Krafttier bei Fernheilungen. In ihrer schwarzen Farbe wirkt wie beim Adler die Emanation des Alls und schafft den Zugang zum eigenen Wissen. Lange Zeit wurden die Krähen auch zusammen mit den Drosseln für die Verbreiter der Mistelbeeren gehalten und somit in der Verantwortung für den immer währenden Kreislauf gesehen.

Alle noch so kleinen Hinweise bestätigen: Die Druiden wussten um die Entwicklung der Mistel bis in die Geborgenheit des Embryos und in die Tiefen ihrer Verankerung im Baum hinein. Wie das oben zitierte Bardenlied erklingen lässt, kannten die Kelten die Mistel auch vom Wildapfelbaum. Avalon, die «Ynys Avallach», die Insel der Apfelbäume, beherbergte mit Sicherheit die Mistel und war zugleich der paradiesische Ort der Gesundheit, an dem die Menschen über hundert Jahre alt und gleichzeitig von der Anderswelt berührt wurden. Interessanterweise steht ein französischer Name der Mistel, der in der Umgebung von Genf gebraucht wurde, «Avilhon» lautmalerisch der Insel Avalon sehr nahe.

Abb. 91: Mondsichel am 6. Tag nach Neumond, der keltischen Nacht der Mistelernte.

Heilige Mistel – heiliger Stier

Die Mistel erscheint immer wieder an hervorgehobener Stelle. Wen wundert es, dass ihre Ernte zu einer der höchsten Zeremonien ausgestaltet wurde.

Dem Geschichtsschreiber Plinius G. P. Secundus verdanken wir den authentischen Bericht über die Verehrung der Mistel bei den Kelten in Gallien. Seine Aufzeichnungen über das Ernte- und Opferritual der Mistel wird in abenteuerlichen Variationen seit 2000 Jahren weitergegeben. Ich möchte mich an den Text aus seiner *Historia naturalis*, Buch XVI, in der Übersetzung durch J. Moreau halten, der 1958 erschienen in *Die Welt der Kelten*.

«Schon an sich suchen sie Haine von Eichen auf, und sie verrichten keine heilige Handlung ohne deren Blätter, sodass man meinen könnte, ihr Name käme aus dem Griechischen Drys (Druidae videri ...), die Eiche.

Wenigstens betrachten sie alles, was auf dieser wächst, als Himmelsgabe und als ein Zeichen, das der Gott gibt, der den Baum dazu ausersehen hat. Allerdings kommt das ziemlich selten vor; wenn sie aber ein solches Zeichen entdecken, dann nehmen sie es mit großer Verehrung auf, besonders am 6. Tag nach dem neuen Mond, welcher bei ihnen den Anfang der Monate und Jahre angibt und ferner nach dem 30. Jahr des Jahrhunderts, weil dieses dann in seiner höchsten Kraftentfaltung stehe und noch nicht die Hälfte der Zeitspanne erreicht habe. Sie heißen in ihrer Sprache die Mistel die ‹alles Heilende›. Nachdem sie unter dem Baume die gehörigen Opfer und Mahlzeiten veranstaltet haben, führen sie zwei weiße Stiere herbei, deren Hörner dann zunächst begrenzt werden. Der Priester, mit weißem Kleide angetan, besteigt den Baum, schneidet mit goldener Sichel die Mistel ab. In einem weißen Mantel wird sie aufgefangen. Dann schlachten sie die Opfertiere mit

Abb. 92: Die Mistelbeere im Morgentau – das «Sperma des kosmischen Stiers».

dem Gebet, die Gottheit möge ihre Gabe denen günstig werden lassen, welche sie damit beschenkt haben. In den Trank getan, solle sie alle unfruchtbaren Tiere fruchtbar machen und ein Heilmittel gegen alle Gifte sein. So äußert sich die große Religiosität dieser Volksstämme meist in der Beobachtung von Nichtigkeiten ...»

Ergänzen möchte ich diesen Text durch eine Aussage in der Biografie des berühmten «Kräuterpapstes» Maurice Messegué: «Die Sichel ist klein heute ...» Er schreibt, dass dies ein Zeichen war, um am nächsten Morgen Pflanzen zu pflücken. Die Kelten sammelten ihre heilkräftigsten Kräuter stets am Tag des dunklen Neumondes oder bei seiner Sichelgestalt, denn der volle Mond entziehe den Pflanzen die Kraft. Und sie trugen dabei weiße Gewänder. Auch Wünschelruten werden bis heute an Neumond geschnitten oder am 7. Tage danach. Das 30. Jahr gibt den eindeutigen Hinweis: Die Kelten folgten nicht nur dem Jahres-Sonnenzyklus. Als Astronomen bezogen sie stets das ganz große, universale Geschehen mit ein. Im 30. Jahr vollendet der Saturn seine Umlaufbahn um die Sonne. Exakt sind dies 29,6 Jahre. Das bedeutet: Ein Mistelbusch, der 30 Jahre lang an der Eiche wachsen konnte, hatte die gesamten Saturnkräfte mit aufgenommen und beherbergte die höchsten kosmischen Energien. Saturn wurde wie Sonne und Mond oftmals als Stier des Himmels bezeichnet. Die 30 Jahre entsprachen damals wohl auch einer Generation und einem Menschenleben.

Die Ernte mit der «goldenen Sichel» wirft viele Fragen auf. Das Holz eines 30-jährigen Mistelstammes übertrifft an Härte, die des Wirtsbaums. Wenn mit der goldenen Sichel real geschnitten wurde, bedeutet dies: Nur die zarten Langsprosse mit Blattansatz, je nach Jahreszeit mit Blüten- und Beeren, konnten geerntet werden. Eine 30-jährige Mistel ist darin sehr ergiebig. Der Hauptspross blieb erhalten, die «Nachhaltigkeit» der Ernte war gesichert.

Der Schnitt mit der goldenen Sichel ist aber auch als Sinnbild zu verstehen: Gold steht für Sonne, Licht und Tag und Sichel für Mond, Dunkel und Nacht. Im Schnitt mit der «goldenen Sichel» findet die Vermählung der Licht- und Dunkelkräfte statt und die Berührung des Transpersonalen der Anderswelt. Daher durfte die Mistel die Erde nicht berühren und wurde im Nichtfarbenen des weißen Tuches gehalten.

An anderer Stelle seiner Naturaufzeichnungen führt Plinius drei Zeiten zur Einholung der Mistel auf:

– Zu Jahresbeginn an Samhain, am 6. Tag nach Vollmond (zu dieser Zeit ist die Mistelbeere voll ausgebildet und der Embryo in der letzten Reifungsphase; er ist schon keimfähig).

– Zur Zeit der Tagundnachtgleiche bei Vollmond im März (zu dieser Zeit steht die Mistel im hohen Norden in voller Blüte und die Langsprosse beginnen mit der Entfaltung). Nach anderen Aussagen dürfte der Zeitpunkt fraglich sein.

– Am Vorabend von Johanni (die Jahresjungtriebe haben sich entfaltet, die Blüten werden angelegt, die dreijährigen Blätter sind kurz vor dem Blattfall).

Zu diesen benannten Erntezeiten enden bestimmte Jahresrhythmen und neue beginnen. Das Stoffwechselgeschehen hat jeweils einen Höhepunkt erreicht. Einzelne Wirkstoffe liegen in höchster Wirksamkeitsstufe vor. Auch heute halten sich Hersteller von Mistelpräparaten an diese Zeiten, vorausgesetzt, sie denken ganzheitlich. Für die Gesamtmistelextrakte werden die Fraktionen aus den zwei bis drei Erntezeiten wieder vereint bevor das Präparat potenziert oder fermentiert wird.

Über den Ursprung der Kelten und der Druiden rätseln Völkerkundler und Okkultisten. Der Umgang, den sie mit der Mistel pflegen, lässt mich eine Hypothese über die Herkunft der Kelten wagen.

In das Zeitalter des Stiersektors von 4530 bis 2370 v. Chr. fallen die größten Völkerwanderungen auf eurasischem Gebiet. Achtsame und sich den Veränderungen öffnende Menschen sind beständig auf dem Weg, innerlich wie im Außen, heute wie in vorgeschichtlicher Zeit. Die Chaldäer im südlichen Mündungsgebiet von Euphrat und Tigris, dort, wo das biblische Paradies angesiedelt wird, galten als Philosophen und Sterndeuter mit dem höchsten Entwicklungsstand. Die Völkerwanderung berichtet von ihrem Aufbruch nach Indien und nach Westen, als sie die Zeitenwende, den Untergang des Stiersektors und das Herannahen des Sektors Widder, im Indischen das Kali Yuga, berechneten und erspürten.

Ein Teil dieser Stämme sollen die Kelten gewesen sein. Clemens von Alexandria spricht über die Suche nach dem Ursprung der Philosophie und den Lehrern des Logos von den Druiden und Samanäern bei den Galatern. Wir müssen uns Völkerwanderungen dieses Ausmaßes in langen Zeitabschnitten vorstellen: Man zog den Weidegründen und Jagdmöglichkeiten nach, begegnete der ansässigen Kultur im Kampf oder Austausch, nahm an, ließ zurück, zog weiter nach Jahren oder Jahrhunderten. Die Stämme aus dem iranischen Gebiet durchstreiften die südeuropäischen Länder, begegneten neuen Pflanzen und Tieren, erweiterten ihre Kenntnisse darüber, was Nutzbarkeit und Heilkraft betrifft.

Die Kelten lernten also auf ihrem Weg in den Westen die Eichenmistel, die Riemenblume, kennen als häufige Bewohnerin der Baumkronen der Eiche. Ein Pflanzenwesen, das blüht und fruchtet, ohne die Erde zu berühren, muss Zauberkräfte in sich tragen. Aufgüsse oder Extrakte aus der Riemenblume bestätigten diese Ahnung. Aufgefallen war sicherlich auch, dass die Riemenblume im Winter ihre Blätter verliert und unscheinbar, grau wie das Geäst ihres Wirtsbaumes die Dunkelzeit übersteht. Verwandlung, Durchhalten, Wiedererwachen waren die Botschaften.

Zug um Zug dem Norden zu verschwand die Riemenblume aus dem Verbund mit der Eiche. Es ist unschwer nachzuvollziehen, dass dies möglicherweise kein gutes Omen war. Plötzlich aber taucht sie auf: Zwar nicht mehr als *Loranthus*, sondern als *Viscum*, grün leuchtend sogar im Winter, ja golden glühend in Schnee und Eis – eine Verkörperung des Lichtes. Sie erscheint wiederum in Einheit mit der Eiche, nun aber so selten, wie es Wunder zu tun pflegen. Die Wachstumsgottheit, mit der die Kelten ihr Leben – seit der Zeit in Chaldäa – untrennbar verquickt erfahren hatten, kommt ihnen neu entgegen in noch herrlicherer Gestalt. «Heiliges, heilendes Mistelwesen»! Der französische Name für Mistel lautet GUI oder Herbe de Science, Pflanze der Weisheit. Die höchste Eichengottheit hatte ihnen also ein sichtbares Zeichen ihrer Anwesenheit gegeben. Und sie mögen vielleicht ausgerufen haben: «Hier lasst uns Hütten bauen!»

Stand es da nicht nahe, das höchste Tier der Verehrung und Zeichen des ewig Kosmischen, den Stier, zu opfern, um der Leben, Fruchtbarkeit und Heilung spendenden Pflanze zu danken? Letztendlich entfachte sie den Kreislauf allen Wachstums und der Erneuerung, indem sie in ihren eigenen «Fortpflanzungsorganen» das Sperma des kosmischen Stiers auffängt und vermehrt. Ursprünglich verkörperte der weiße Stier, Finnbenach, die Metamorphose eines magischen Schweinehirten. Finnabair war die weiße, helle Erscheinung der Muttergöttin, während der schwarze Stier in der Gestalt des Donn Cuailnge die menschliche Intelligenz beibehielt und als Fürst der Anderswelt auftrat. Er galt als Herr über Leben und Tod, als schöpferischer Gott, der die Lebensimpulse mit Hilfe der Muttergöttin in physische Erscheinung umsetzt, sie aber auch wieder aus dem individuellen Sein zurückholt in die unbegrenzte Möglichkeit der Anderswelt. Der Stier gilt bis heute in vielen Kulturen als das unbezwingliche Schöpfungsprinzip.

Das Sperma, die Zelle der Unsterblichkeit, war höher gestellt als das Leben, materialisiert in der Begrenzung eines Stierlebens. Der Pflanze, dem weiblichen Prinzip, das dieses Sperma empfängt, war die höchste Verehrung angemessen. Durch die Verbindung des Stierprinzips mit der Mistel erleben wir sie als ein Wesen im Reich der allerhöchsten Schöpfungsgeheimnisse.

So gesehen gewinnt im Ritual zur Ernte der Mistel und in der Zeremonie des Stieropfers das Wissen und die Weisheit einer räumlich und zeitlich weit entfernt liegenden Kultur im Westen neuen Boden, beginnt zu blühen, zu fruchten und schafft hier eine Basis für eine zutiefst religiöse Verbindung zur Natur, zu allem, was auf der Erde und im Universum Schöpfung heißt.

Die Keltenmistel war also *Viscum album platyspermum*, die Laubholzmistel, deren Vorkommen auf Eichen von vielen Botanikern angezweifelt worden war. Plinius bestätigt die Seltenheit, mit der sie angetroffen wird. Eine späte Beweisführung erfährt diese Aussage durch das Auffinden der Stieleiche auf einer Weide in der Normandie bei Isigny-le-Buat. 1898 wurde die Eiche auf dem Gelände der Mde. Toisil exakt vermessen, mit 17.70 m Höhe und einem Basisumfang von 5.85 m ein wahrhaft außergewöhnlicher Baum. 40 Mistelbüsche wurden auf ihr gezählt, ein Mistelbusch ragte tief sitzend aus dem astfreien Stamm. Im weiten Umkreis des großen Eichenbestandes trug nur eine 40- bis 50-jährige Eiche ebenfalls einen Mistelbusch. Bei weiteren 26 Angaben aus der Normandie stellte sich heraus, dass die Misteln selten von Eichen stammten, weil im Winter die Rinde mit anderen Laubbäumen verwechselt worden war. 200 Versuche, Beeren von *Viscum album* der Eiche von Isigny-le-Buat auf anderen Eichen anzusiedeln, schlugen alle fehl. Rätselhaftes Mistelwesen inmitten unserer aufgeklärten Zeit!

Diese Eiche von Isigny-le-Buat war noch im 20. Jahrhundert ein Pilgerort für zahlreiche Kranke geblieben. «Die vielen Heilungen unserer schon so lange gelähmten Krieger durch Hypnose macht es verständlich, wenn auch das Wasser von Lourdes und die Mistel auf der Eiche solche Wunder ermöglichen», folgert Prof. von Tubeuf. Die Überlieferungen des Plinius und der Umgang der Druiden mit den ihnen heiligen Pflanzen blieben bedeutungsvoll bis in unsere heutige Zeit.

Aus dem 9. Jahrhundert nach Christus stammt die Erzählung vom heiligen Edmund, der von den Ostangeln zum König gewählt worden war: An dem Jahresfest ihm zu Ehren wurde ein weißer Opferstier ausgewählt und durch die Straßen geführt, damit die Frauen, die sich eine Schwangerschaft wünschten, ihn streicheln konnten. Sie beteten, sprachen Gelübde am Grab des heiligen Edmund, dann wurde der Stier, stellvertretend für den einstigen keltischen Erlöser-Gott, mit Pfeilen getötet.

Weitere Dokumente mit ähnlichem Inhalt folgten. Sie stammen aus der Zeit nach der Christianisierung und behaupteten sich Jahrhunderte lang in den abgelegenen Landgebieten. Immer wieder gilt als Zeitangabe die Wintersonnenwende, endet die Prozession in einem heiligen Hain, wurde die Mistel mit goldenen Messern von dem Baum geholt, geweiht und «unter die Menge verteilt».

Doch was dann mit der Mistel geschah, bleibt im Dunkeln. Neuere chemische Untersuchungen isolierten aus der Mistel verschiedene Alkaloide, unter anderen auch Tryptamin. Es unterscheidet sich strukturell nur durch eine OH-Gruppe von Serotonin, dem körpereigenen Neurotransmitter, der für Reizleitungen in Gehirn und Nervensystem verantwortlich ist. Tryptamin kommt in verschiedenen Pflanzenfamilien vor, so auch in der Liane Banisteriopsis caapi. Aus ihr wird unter Beimischung südamerikanischer Mistelarten «Ayahuasca» hergestellt. Der von Amazonas-Schamanen unter großer Sorgfalt zubereitete Trunk «Ayahuasca» hebt die Schranke der realen Bilder- und Bewusstseinswelt auf, eröffnet die Tore in eine Farben- und Formenwelt, erlaubt Visionen. Zeichnungen, die unter der Einnahme von «Ayahuasca» entstanden sind, gleichen den keltischen, ineinander verschlungenen Mustern. Vielleicht ist dies ein Hinweis auf den hohen Rang der Mistel. War es nicht schon immer die Sehnsucht der Menschen zu Lebzeiten einen Blick «hinter die Kulissen» zu tun, um die großen, wirklichen Zusammenhänge zu schauen und die Angst vor dem Tode zu überwinden? Diese Pflanzen und Naturstoffe gehören in die Hände von sehr verantwortlichen Menschen. In unserer Gesellschaft könnten Ärzte dafür verantwortlich sein, denn ein Trunk aus Mistelbeeren würde möglicherweise den Menschen, die sehr nahe an der Schwelle stehen, den Blick visionär weiten und den Übergang erleichtern.

Die Mistel verlor im Zuge der Christianisierung ihre Heiligkeit, bis sie schließlich als «Hexenbesen», «Hexebeeri», «Drudenfuß», «Trudenest», «Slangenwortel» verschrien wurde. Fälle von Mistelvergiftungen sollten die Menschen abhalten, ihre narkotisch-befreiende Wirkung zu erfahren. Und die Frauen, Nachfolgerinnen der Druidinnen, die sich auf die Heilung mit der Mistel und anderen wertvollen Heilpflanzen verstanden, starben als Gehilfinnen des Teufels auf dem Scheiterhaufen. Mit ihnen ging unendlich viel Heilwissen verloren, versank eine Welt subtiler Heilerfahrung.

Die Kraft der Mistel konnten sie aber nicht rauben. Die Mistel bewahrt sie in Stille und Ferne der Baumeswipfel, bis sich das Bewusstsein der Menschen wandelt. Zaghaft wandelt es sich und die Wiederentdeckung sendet Segensbotschaften an die Suchenden.

Abb. 93: Bis in die heutige Zeit sind Druiden und Mistel Sinnbilder für Zauber- und Lebenskraft.

Verehrt und verdammt

In der Literatur taucht die Mistel einerseits auf, wo es um Geheimnisse geht, andererseits als Beispiel für Verderben.

Ein griechischer Mythos erzählt: Als der Himmelsgott Uranos von seinem Sohn Cronos mit einer Sichel aus Feuerstein kastriert worden war, fielen zwei Mistelbeeren ins Meer. Aphrodite stieg daraus hervor. Die Elemente Feuer – in Form des Flints zum Feuer erzeugen – und das Wasser bringen den kastrierten Gott in verwandelter Form zur Erde.

Bei Vergil dient der «goldene Zweig» als Mistelamulett für Äneas als Schutz

Abb. 94 und 95: In der Blütezeit wird die Mistel zum «Goldenen Zweig».

seines Lebens beim Betreten der Unterwelt. Das nordeuropäische «Guidehel» für Mistel, zusammengesetzt aus «Guide», gleich Führer, und «Hel», gleich Unterwelt, beinhaltet die Vorstellung des Mistelschutzes beim Betreten der Anderswelt gleichermaßen. Im Französischen ist nur die Silbe «Gui» für Mistel erhalten geblieben und der Zusammenhang und seine Bedeutung verloren gegangen. «Gui» aber steht für Glück beim Überschreiten einer Schwelle, zum Beispiel in das neue Jahr hinein. «Au gui l'an neuf», mit der Mistel ins neue Jahr, ist bis heute ein Neujahrsgruß in Frankreich.

Die Mistel als «goldener Zweig» leuchtet in die Dunkelzeit von November bis Februar hinein. Wie das Metall Gold, so wurde der «goldene Mistelzweig» zur Verklärung im Tode.

Immer wieder berührt es mich sehr, wie die Menschen einst aus ihrer genauen Naturbeobachtung eine Brücke bauten, um nicht ungeschützt den unvermeidlichen Gang durch Licht und Dunkel ihres Lebens antreten zu müssen. Der Geist, der die Schöpfung erhält, schenkt aus ihrer Fülle Hilfe, bildet Wesen heraus, die in Gestalt von Kraftpflanzen oder Krafttieren uns begleiten.

Wie viel Spannung auf dem Bogen von der Materie zur reinen Geistigkeit liegt, erfahren wir aus der Tragik um Baldrs Tod.

Für unsere Betrachtung spielt die geschichtswissenschaftliche Belegbarkeit der Quelle keine entscheidende Rolle. Ausschlaggebend für unsere Erkenntnis bleibt: Die Überlieferung des Baldr-Themas in der *Edda* des Snorri Sturluson von 1220 fußt auf der *Husdrapa* des Ulfr Uggason von 985 und einer südskandinavischen Quelle von 500. Es war und ist die Eigenerfahrung der Menschen im Norden von Generation zu Generation.

Harte Bedingungen prägten und prägen das Leben der Nordvölker. Kurz, lichtvoll die Sommerzeit, auch Sommernachtzeit, und endlos, fast zeitlos die

Dunkel- und Kältetage im Winterhalbjahr, das Leben unter dem Eis. Kurz das Leben – lang der Tod.

Ich fasse den Inhalt der Überlieferung zusammen und kerne den Bezug zur Mistel: Baldr, der Lichtgott, Sohn von Odin und Frigg, verkündet seine unheilvollen Träume über die Bedrohung seines Lebens. Frigg vereidigt alle Dinge und Wesen, dass sie ihrem Sohn nichts antun werden. Waffen, Steine, alles Greifbare wird getestet, prallt an Baldr ab. Der böse Loki erkundet hinterlistig bei Frigg: Der Mistelzweig, «Mistilteinn» bei Snorri, wächst westlich von Walhall. Während der Baum, auf dem er thront, vereidigt war, blieb die Mistel selbst unvereidigt. Loki pflückt sie, schnitzt einen Pfeil aus ihrem harten, verholzten Spross, drückt ihn dem blinden Hödr in die Hand. Dieser wirft – trifft Baldr tödlich. Der Versuch, den toten Lichtgott aus dem Schoß von Hel zu befreien, scheitert.

Was ereignet sich in der Wirklichkeit? Sobald unerschaffene, freie, schöpferische Energie wie das kosmische Licht vom Menschen personifiziert wird, wie in der Wesenheit von Baldr, unterliegt diese Person, obgleich in göttlicher Gestalt, dem Gesetz der Sterblichkeit. Pflanzen aber, denen die Fähigkeit innewohnt, diese schöpferische Energie in Lebensbausteine zu verwandeln, leben und wesen in einer Art Verjüngungsprinzip. Immergrüne Pflanzen oder gar Pflanzen im Zwischenraum wie die Mistel, sind die eigentlichen «Sieger» über den Tod.

Die Mistelgeschichte ist die Lehre von der Sterblichkeit der personifizierten Gottheiten und der Unsterblichkeit der reinen Lebenskraft. Jedoch legen die lichtvollen Götter mit ihrem Tod, Opfertod, Sühnetod den Grundstein zum Bau einer neuen Welt. Wenn das Licht, das in Materie gebunden war, stirbt, kann das Licht eines höheren Bewusstseins sich entfalten. Im übertragenen Sinn ist dies auch der Prozess zur Herstellung der Homöopathika.

Rudolf Steiner weist in seinen Vorträgen zur Baldursage am 24.4.1906 und am 16.12.1916 auf neue Denkaspekte hin. Hödr personifiziert demnach die – gegenüber der geistigen Welt – blind gewordene Macht. Sie ist fähig, den Lichtgott zu töten. In der «Götterdämmerung» erlischt die alte Seherkraft, die «Hellsichtigkeit», um danach zu einer neuen, höheren Bewusstseinsentwicklung zu führen, zu einer anderen Bewusstseinsstufe. Auf dieser Ebene begegnen sich die «Allesheilerin» der Druiden und der «Zweig des Heils» der Edda und werden von Steiner als Krebstherapeutikum empfohlen. Der tiefste Heilansatz liegt dabei in der Bewusstseinsentwicklung und Veränderung der alten Lebensstrukturen. Das aber ist ein zutiefst christlicher Heilungsweg.

600 bis 700 nach Christus begann die christliche Missionierung der Nordvölker. Die Germanen begrüßten in den Berichten über den Tod Christi und seine Auferstehung ihren lichtvollen, geliebten, wieder auferstandenen Baldr.

Die immergrüne Mistel blieb das Sinnbild des Lebens in seiner beständigen Erneuerung. Die Herleitung des Wortes Mistel aus dem Sanskrit, in welchem «mis-el-tu» den Messias bezeichnet, im Indischen vertreten durch Vishnu, findet hier Gültigkeit.

Die Mistel als Nutzpflanze

Mehr als ein Appetithappen

Der Sommer war heiß und trocken. Die Apfelbäume antworteten mit einer Überfülle an Äpfeln, brachen teilweise zusammen an ihrer Last. Mit ins Gras sanken die Misteln. In den ersten kalten Herbstnächten traten die Rehe aus dem Wald auf Futtersuche und in kürzester Zeit hatten sie sich die Mistelbüsche mit Blättern, Sprossen und unreifen Beeren bis auf die härtesten Stümpfe am Ast einverleibt.

Für die Waldtiere ist die Erreichbarkeit der Mistel begrenzt, falls nicht Tannen und Kiefern mit Mistelbüschen im Winter gefällt werden. Forstmeister Krepler von Gföhl im österreichischen Waldviertel berichtet 1876: «Die Mistel, welche hier oft massenhaft vorkommt, bewährt sich als ein gesundes, kräftiges Winterfutter nicht bloß für Hoch- und Rehwild, sondern auch für Haustiere und ist besser als Klee.»

Misteln als Lieblingsspeise von Rotwild, das hatten die Jäger früh erkannt und sie zur Anfütterung ausgelegt. «Im Leiningschen Wildpark legt das Edelwild rasch alle Scheu ab und läuft den Arbeitern, welche die Mistel von den Bäumen entfernen, nach, um die auf den Boden fallenden Misteln aufzuäsen», meldeten Forstbeauftragte aus Baden-Buchen.

In der Jagdliteratur finden sich Angaben über die Vorliebe zu den Misteln bei Elch, Hirsch, Reh, Hase, Gemsen. Gemsen müssen allerdings tief herabsteigen im Winter, um an die saftige Nahrung zu kommen. In den oberösterreichischen Gemeinden Gmunden, Goisern, Ebensee war man höchst zufrieden mit der Mistel-Mast der Gemsen, die nach Neuseeland ausgeführt werden sollten.

Die Mistel hilft den Inleuten, den Grundbesitzlosen, im Frühjahr aus der Futternot. Sie wird zerhackt und mit dem Gehäcksel anderer Futterstoffe vermengt verfüttert. Die Mistel als Winterfutter für Rinder, Ziegen, Schafe, Pferde geht auf die Aufzeichnungen von Theophrast im alten Griechenland zurück.

In Elsass-Lothringen wurden im Winter die auf Tannen wachsenden Misteln dem Milchvieh nach dem Morgen- und Abendfutter als Zusatz zur

Verbesserung des Fettgehaltes der Milch gegeben. Die Butter soll danach eine schöne, gelbe Farbe annehmen und einen sehr kräftigen Geschmack bekommen.

Aus Frankreich im Departement Nièvre verfütterten Bauern bis zu 6 kg Misteln pro Tag an ihre Rinder, «ohne irgendwelche Nachteile fürchten zu müssen».

Zur Verträglichkeit bei Schweinen musste die Mistel abgekocht werden.

Kritisch wurde es mit der Nahrung für Mensch und Tier in den Kriegs- und Nachkriegsjahren. Auch in dieser Zeit, in die erste Erlasse zur Entfernung aller Schmarotzer fielen, lieferte die Mistel ein wertvolles Pferdefutter. Vielleicht hat diese Wertschätzung dazu geführt, dass es sogar Orte gibt, die in ihrem Namen die «Mistel» führen, wie beispielsweise Mistelbach in Österreich.

Der Nährwert der Mistel beruht auf dem hohen Stärkegehalt. Menschen machten sich dies in Kriegs- und Hungerszeiten ebenfalls zunutze. Der Holzkörper und die Rinde der Mistel wurden getrocknet, gestoßen, mit Roggenmehl versetzt und zu Brot gebacken. In Bocks *Naturgeschichte von Preußen,* 1793, ist angegeben: «... ohne Nachteil der Gesundheit.»

Verschiedene Stämme der Ainu, der Urbevölkerung Japans, verwendeten *Viscum* in den Zeiten der Not ebenfalls als essbare Pflanze und gewannen Stärke aus den holzigen Sprossteilen.

Zu den ältesten Mistelfunden zählen Spross- und Blattreste aus den Pfahlbauten der Schweiz, die in die Steinzeit, also auf 1000 bis 2000 v. Chr. zurückdatiert werden. Da gleichzeitig Spreu von Tannen aufgefunden und botanisch bestimmt wurde, wird daraus geschlossen, dass beide Pflanzen zum Einstreuen der Tiere Verwendung fanden.

Abb. 97 – 99:
Die saftige und energiereiche Tannenmistel ist für Tiere zu allen Jahreszeiten ein wertvolles Nahrungsmittel.

Die heilende Botschaft der Mistel

Forschung, Glaube und Erfahrung

«Muss ich an die Mistel glauben, wenn die Injektionen helfen sollen?» – «Kann sich Heilung ereignen mit Pflanzenextrakten, denen die Prüfungskommission den Stempel ‹unwirksam› aufdrückt»? Diese Fragen kamen in den 80er Jahren auf und werden auch heute noch oft in Apotheken gestellt. Jahrhunderte lang existierte die Frage nach dem Glauben an die Wirkung eines Tees, eines Extraktes, eines Pflasters nicht. Die Heilung und Erfahrung ließ keine Zweifel aufkommen. Pflanzenkenntnis war ein Gesundheitserbe.

Misteltee und Misteltropfen als Ursaft oder potenziert, innerlich oder äußerlich angewandt, ersetzten in ihrer umfangreichen Wirkungsbreite viele andere Pflanzen. Bluthochdruck, arteriosklerotische Erscheinungen wie Schwindelanfälle, Herzklopfen, Herzdruck, Extrasystolie, Epilepsie, Asthma bronchiale, Krampfhusten mit viel Schleimrasseln in den Bronchien, innerliche Unruhe, schlechter Schlaf mit unruhigen Träumen, Verdrießlichkeit, Magendruck und Übelkeit, Müdigkeit und Steifigkeit in den Gelenken, aber auch Unruhe in den Beinen (heute «Restless Legs»), zuckende Bewegungen, Blutungsbeschwerden vor und während der Menstruation, all diese Anwendungsgebiete deckte die «Allesheilerin der Druiden», das «Heilig Heu», das «Gutheil», das «Heil aller Schäden» bis in die späten 80er Jahre hinein ab.

Zum Teil enthielten die Mistelpräparate Mischungen mit Weißdorn, grünem Hafer, Knoblauch, zum Teil Extrakte aus der frischen Pflanze in homöopathisch potenzierter Darreichungsform.

Doch dann machte die chemische Forschung mit dem Ergebnis synthetischer Arzneimittel das Rennen. Heute, da viele Menschen mehr an den Nebenwirkungen dieser Stoffklassen leiden als an der Krankheit selbst, könnte eine Rückbesinnung stattfinden. Bei dem schwer zu regulierenden Bluthochdruck führt die ausgleichende Wirkung des Mistel-Gesamtextraktes in Verbindung mit speziell erdenden Bewegungen aus der chinesischen Energiearbeit, dem Qi Gong, zu einer wirklichen Heilung, da der Körper lernt, sein «labiles Gleichgewicht» mit Hilfe eigener Reaktionsmechanismen wieder herzustellen.

***Abb. 100:** Mistelkeimling zu Beginn des zweiten Jahres mit Anisophyllie als Abnormität; das zweite Blatt des ersten Paares verkümmert.*

Abb. 101 – 104: Durchsetzungskraft der Mistel:
Abb. 101: Aus den Senkern brechen neue Sprosse durch die Apfelbaumrinde.
Abb. 102: Ebereschen-Misteltrieb aus dem Senker sprengt die Rinde ab.
Abb. 103: Apfelmistel-Lektine im Gewebe der Haftscheibe lösen die Rindenzellen auf und ermöglichen dem Embryo das Eindringen.
Abb. 104: Apfelmistel-Kern mit vier Embryonen.

Die Mistel aber erobert sich zudem ein eigenes Feld im vagen Zwischenraum von Krankheit und Heilung auf dem Gebiet des Krebses, das trotz intensivster Forschung in Biochemie, Medizin, Physik und Psychologie noch nicht vollständig beackert ist, geschweige denn reife Ähren trägt. Auf diesem Feld hat die Mistel alle Chancen.

«Muss ich an die Mistel glauben, wenn meine Injektionen helfen sollen?», diese Frage wird heute von vielen Krebspatienten gestellt, die in ihrem Heilungsweg sehr verunsichert sind. Ich kann sie gut verstehen und höre zugleich die stumme Frage: Gibt es für mich Heilung oder Aufschub oder ...?

In jungen Jahren fiel es mir schwer, Antworten zu finden. Heute, nach den Erfahrungen mit meinem eigenen Krebs und der Heilung davon, fällt mir die Beantwortung der Fragen leichter. Allerdings lassen sich die Antworten nicht auf einen Kernsatz reduzieren. Mehr als jemals zuvor weiß ich: Heilung ist ein geheimnisvolles, individuelles Geschehen, bei dem so viele Kräfte zusammenwirken wie bei der Entstehung einer Krankheit auch.

Es reicht zur Heilung nicht aus, Tabletten zu schlucken, Stoffe unter die Haut zu spritzen. Soll die Wirkung «unter die Haut gehen», das heißt für mich, soll wirkliche Heilung in den tiefen Schichten unseres Seins ausgelöst werden – und nur dort findet sie statt –, sind wir gefordert, uns selbst nicht nur oberflächlich zu betrachten, sondern Schichtaufnahmen unseres Körpers, unserer Seele, unseres Geistes zu erstellen, uns zu durchleuchten und in Zusammenhängen zu schauen. Ebenso wichtig erscheint es mir die Pflanze, von der ich mir Heilung erhoffe, in all den Facetten ihres Seins wahrzunehmen. Die «Schichtaufnahmen», die ich in diesem Buch von der Mistel in Bild und Wort vorlege, mögen eine Anregung zu eigenem Tun auslösen.

Zunächst schockiert uns die Diagnose, macht uns hilflos, liefert uns völlig Unerwartetem und Unbekanntem aus. Todesangst und Todessehnsucht werfen uns hin und her: Es wird doch nicht wahr sein, und wenn es wahr ist und zu spät, möge das Ende schnell und gnädig sein. Damit gleiten wir in den Zwischenbereich unserer Existenz. Wir fühlen uns hinausgeschleudert aus dem pulsierenden Leben und dem vermeintlich geradlinigen Lebensweg. Wir haben aber auch noch nicht die Freiheit des Geistes und der Seele erlangt, wie wir sie uns im Tode erhoffen.

Krankheit setzt uns aus. Sie enthebt uns den Normen eines 8- bis 12-Stunden-Tages. Sie hebelt uns aus sozialen Angeln. Sie setzt uns aus: Den eigenen pochenden Fragen und den bangenden Fragen unserer Familie, unserer Freunde, unserer Mitmenschen.

Betrachten wir die Mistel am Baum, so spiegelt sie exakt dieses Bild des Ausgesetztseins. Sie ist ausgesetzt und im Zwischenraum. Sie kennt dieses nicht oben, nicht unten. Und sie lebt dennoch. Seit Jahrmillionen lebt sie im Zwischen, als Grenzgängerin, gegen den Rhythmus der Zeit, in spannungsvoller Polarität von innen und außen. Als unvereinbare Gegensätze mögen uns ihr Grenzgang und ihre Konstanz erscheinen. Sie lässt uns wissen: Leben an der Grenze heißt nicht zwangsweise kurz vor dem Tod stehen. Die Mistel

101

102

103

104

ruft uns zu: Sei beweglich, schwinge, lass dich pendeln, lass dich überraschen, entscheide in jedem Augenblick neu.

Jedes Leben ist auf dieses labile Gleichgewicht hin angelegt. Die Mistel, das haben wir gesehen, wirft immer wieder «Ballast» ab, mal die Blätter, mal die reifen Beeren. Sie klärt sich von innen heraus und beschränkt sich auf ein Minimum im Außen, auf das Wesentliche im Innen.

Die Mistel setzt dem Ausgesetztsein und der Gefahr des Absturzes in den Abgrund der Hoffnungslosigkeit ihre Durchhalte-Lebenskraft entgegen und wird so zur Übermittlerin der heilenden Botschaft.

Durchhalten im menschlichen Sinne heißt den Weg in kleinen Schritten gehen. Eine Gebärdenübung im Gehen bringt uns auf den Weg. Im meditativen Gehen können wir jeden Heilungsschritt bewusst erleben:

Gebärdenübung 5

Suchen Sie sich einen ebenen Weg im Wald oder freien Gelände.
Erspüren Sie einige Atemzüge lang Ihren Standort. Setzen Sie Ihren linken Fuß einen Schritt vor. Während Ihr Schritt und Ihr Blick geradeaus gehen, drehen Sie den Körper aus der Hüfte heraus nach rechts, setzen Sie den rechten Fuß vor. Drehen Sie den Körper nach links. Danach setzen Sie den linken Fuß vor. Der Blick bleibt stets geradeaus. Lassen Sie die Arme frei hängen und leicht mitschwingen im Wechsel der Schritte und der Körperbewegung. Es ist gut, 20 bis 45 Minuten langsam zu gehen und vom Ausgesetztsein zur Mitte zurückzufinden.

Vom Wesen der Botschaft

Abb. 105 – 108: Geheimnisvolle, ungeklärte Phänomene:
Abb. 105: Tannenbaum-Eiskristallformen in Verbindung mit Weißtanne.
Abb. 106: Eisbildung in Verbindung mit Mistel ergibt die runden Formen der Blütenentwicklung.
Abb. 107: Wolkenbild auf Bussardflügel.
Abb. 108: Mistelbeerenbild auf Spechtflügel.

Bevor wir die heilenden Botschaften im Einzelnen betrachten, möchte ich darlegen, wie die Übermittlung stattfinden kann. Dazu berufe ich mich auf die jüngsten Ergebnisse des japanischen Forschers Masaru Emoto, der die «Botschaft des Wassers» erkannte. Alles Leben unseres Planeten beruht auf der Atmosphäre, auf dem Vorhandensein von Wasser in seinen verschiedensten Erscheinungsformen: Wasserdampf in der Luft, strömendes Wasser in Flüssen, Meeren und allen Lebewesen von der Urzelle bis zum Menschen. Durch Vergleiche der festen Kristallformen, gewonnen bei konstanter Temperatur von minus 20° C, lässt sich eine revolutionäre Aussage machen. Wassermoleküle nehmen Informationen auf: Bilder, Worte, Gedanken, Veränderungen in der Umgebung, Lichterscheinungen, kosmische Einflüsse. Sie speichern diese Informationen und geben sie weiter von Tropfen zu Tropfen.

15 bis 17 Liter Flüssigkeit bewegen sich ständig im Zwischenzellraum, im Mesenchym, unserer Gewebe. Dort finden lebenswichtige Molekular- und Informationsübertragungen zur Gesunderhaltung des gesamten Immunsystems statt. Exakt in diesen Zwischenraum injizieren wir subkutan die Mistelpräparate und lassen ihre regulierenden Wirkungen entfalten. Von diesem Zellzwischenraum aus erfahren alle Organe die heilende Botschaft.

105

106

107

108

109

110

111

112

113

114

115

Der Mond – trotz seines Umlaufs um die Erde – stets mit derselben Seite der Erde zugewandt, strahlt das unüberschaubare kosmische Geschehen aus dem Planetenbereich und aus Fixsternfernen herein. Eine Pflanze mit so hoher Lichtraumnutzung wie die Mistel empfängt seit Jahrmillionen die kraftvollsten und zartesten Regungen und Anregungen aus dem Kosmos. Die äußerst stabile DNA und die Fülle ihrer selbst produzierten Substanzen ist ihre Antwort und ihr heilendes Prinzip.

Im langsamen Wachstum erkennen wir die langen Umlaufzeiten des Saturns. Die alles durchflutende grüne Farbe steht mit Venus in Verbindung, der schwach säuerliche Geschmack der Blätter deutet auf Merkur, im wohltuenden Duft der männlichen Blüten zeigt sich Jupiter. Mars ist das Energie verleihende Prinzip, das sich in der Mistel in ihrem Durchhaltevermögen entfaltet. Das sind dürftige Aussagen im Vergleich zur Größe des universalen Geschehens. Sie lassen nur ahnen, welche unerschöpflichen Schöpfungskräfte das Pflanzensein, die Basis unserer Existenz unaufhörlich beeinflussen, gestalten, umformen, abbauen und wieder aufbauen.

Verstärkt werden diese Impulse auf die Mistel durch die enge Verbindung mit dem jeweiligen Wirtsbaum, der seine eigene Empfänglichkeit in Bezug auf die kosmischen Kräfte hat. In der Baumkrone, der von den Gravitationskräften befreiten Zone des Baums, erlebt die Mistel die Begegnung des Baums und seine Beziehung zu den universalen Energien.

Der Baum hebt die Mistel über ihre eigenen Fähigkeiten und Begrenzungen hinauf in den Himmel, speist sie aus den Tiefen der Erde, die sie mit ihren Wurzeln nie erreicht. Im Pflanzenreich gibt es keine kraftvollere Partnerschaft als Mistel und Baum. Auch der Mensch erhält durch die Beziehung zu den Bäumen eine stärkere Erdverwurzelung und kosmische Anbindung als durch die krautigen Pflanzen. Das erzählen Mythen und Märchen. Wir können es praktizieren in der Baumheilkunde, im Baum-Qi Gong, in dem wir die Gebärdenübungen der Mistel unter dem jeweiligen Lieblingsbaum vollziehen. Wir können auch den Baum auswählen, der im Gesamtpräparat der Mistel, mit dem wir behandelt werden, die Spezifität bestimmt. Also würden wir bei der Behandlung mit *Viscum mali*, den Apfelbaum aussuchen, bei *Viscum Pini*, eine Kiefer …

Linde, Birke, Esche gelten als starke sonnenorientierte Bäume. Die Mistel wird durch sie mitgeprägt. Sie empfängt über die Weide die Botschaft des Mondes, über die Pappel verstärkt sich das Saturnische, über Eiche, Ahorn, Rosskastanie schwingt sie unter dem Einfluss des Jupiters. Venushaftes dringt durch den Apfelbaum in sie hinein.

Gian-Franco Grazi ließ sich von den besonderen Blüheigenschaften der Mistel in Bezug zu ihrem Baum anregen: Die Mistel blüht nicht nur für sich, sondern sie stellt gleichsam in der Winterschlafzeit des Baums seine Blüte dar. In Anlehnung an die Herstellung von Blütenessenzen nach Dr. Edward Bach bot er die gesammelten Mistelblüten von 20 verschiedenen Wirtsbäumen in Wasser der Erde und Sonne dar, um die «Quint-Essenz», das Innerste des

Abb. 116: Blütezeit: Zeit zur Gewinnung der Mistel-Blütenessenz.

Mistelwesens ihren Höhepunkt als heilende Botschaft an das Wasser zu binden. «Für die Erde, für die Wandlungsprozesse der Seele, für das unbeschwerte Kind» konnte Grazi Variationen an Mistel-Blütenessenzen gewinnen. Das ist ein zukunftsfähiger und Zukunft gebärender Heilansatz, der vor allem in der Kinderheilkunde zu ungeahnten Entwicklungen führen wird. Denn Kinder, die feinstofflich geheilt werden, werden seelisch befreit von der Erdenschwere. Ihre genetische Anlage erfährt frühzeitig Stärkung und die nötige Veränderung zur Anpassung an ihre individuellen Lebensbedingungen. Es ist eine Heilung aus den göttlichen Urkräften.

Keine uns zur Verfügung stehende Meßmethode kann all diese Einzelbotschaften und Wirkungen ermessen und im naturwissenschaftlichen Sinne beweisen. Wer aber mit offenen Augen und offenen Sinnen schaut, hört, riecht, schmeckt, tastet, in die Stille lauscht, sinnt und die Gebärden tanzt, erfährt die Kraft der Mistel bis tief hinein in jede Zelle als Heil bringende Verwandlung und Befreiung von der Erdenschwere.

Befreit

Von seinem höchsten Stand im dunklen Zenit überstrahlt der erste Vollmond im neuen Jahr die Erde. Sie strahlt im Schneekleid weiß zurück. Im mattseidenen Perlenschimmer leuchten die Mistelbeeren, wecken Sehnsucht nach Tiefe, Zartheit, Transzendenz: weisheitsvolle Schöpfungsnacht, Einladung des Universums zu Grenzerfahrung, Grenzüberschreitung. Der Weg zur Geburt des Morgen, ein silbernes Band. Jede Zelle ein tanzender Stern.

grün ohne anfang und ende
ohne absicht und ohne ziel
grün wie außen so innen
winter und sommer spiel

flächen zu flügeln gebreitet
ohne schwere und ohne sog
arme empfangend und gebend
spross und wurzel im dialog

linie zum rund sich schlingend
rund zur kugel gedreht
kugel zum kosmos sich schwingend
zelle vom kosmos durchweht

Literatur

Batchelor, J.; Miyobe, K.: *Ainu economic plants.* In der Übersetzung der Asiatic Society of Japan, 1893, Vol. XXI, Seite 198 – 240.

Becker, Hans; Schmoll, Helga: *Mistel. Arzneipflanze, Brauchtum, Kunstmotiv im Jugendstil.* Wissenschaftliche Verlagsgesellschaft, Stuttgart 1986.

Böhmer, G. R.: *Technische Geschichte der Pflanzen*, 1. Teil, 1793.

Botheroyd, Sylvia und Paul: *Lexikon der Keltischen Mythologie*, Verlag Diederichs, München 1995.

Capernos, Z.: «The golden Bough, The case for mistletoe» in: *European Journal of herbal Medicine*, 1994, Vol. I, Nr. 1.

Charroux, Robert: *Le livre des mondes oubliés*, Editions Robert Laffont, Paris 1971.

Die Heilige Schrift des Neuen und Alten Testaments in der deutschen Übersetzung durch Martin Luther, Verlag Ensslin und Laiblin (undatiert, aber vor 1897).

Grazi, G.; Zemp, M.: *8. Symposium Morphologie, Anatomie, Systematik*, Hamburg 1985.

Heer, Oswald: «Die Pflanzen der Pfahlbauten» in der Zeitschrift *An die Züricherische Jugend auf das Jahr 1866*, Nummer LXVIII.

Kabell, Aage: *Balder und die Mistel,* Helsinki Suomalainen, Tiedeaka tunja, 1965.

Kienle Gunver, Sophia; Keine, Helmut: *Die Mistel in der Onkologie. Fakten und konzeptionelle Grundlagen,* Verlag Schattauer, Stuttgart, New York, 2003.

Kleimann, Raphael: «Essenzielles». Lernen mit Kindern in der Natur, die Versuche des Gian-Franco Grazi, in: *Novalis*, 5/6 2003.

Kükelhaus, Hugo: *Urzahl und Gebärde*, Verlag Klett und Balmer, Zug 1984.

Künzle, Johann: *Chrut und Unchrut,* Jubiläumsausgabe, Selbstverlag, Minusio, Schweiz 1977.

Prahl, Dr. Ingo: Dissertation über das Thema «*Synthese von Oligosacchariden der Zellmembran mit neuartigem Verzweigungsmuster und von lipidhaltigen Signalstoffen pflanzlicher Symbionten*», Bayreuth 2002.

Raven, Peter H.; Evert, Ray F.; Eichhorn, Susan E.: *Biologie der Pflanzen*, 3. Auflage, Walter de Gruyter Verlag Berlin, New York 2000.

Riemerschmidt, Ulrich: *Weihnachten. Kult und Brauch, einst und jetzt*, Marion von Schröder Verlag, Hamburg 1962.

Strasburger, Eduard: *Lehrbuch der Botanik für Hochschulen*, 33. Auflage, Verlag Gustav Fischer, Stuttgart, Jena, New York 1991.

von Frankenberg, Gisela: *Kulturvergleichendes Lexikon*, Verlag Gisela Meussling, Bonn 1984.

von Tubeuf, Freiherr Karl: *Monographie der Mistel*, Verlag R. Oldenbourg, München und Berlin 1923.

von Wiesner Julius Ritter: *Der Lichtgenuss der Pflanzen*, Verlag Wilhelm Engelmann, Leipzig 1907.

Wagner, Richard: *Iscador M/QU spezial. Erfahrungen und Ergebnisse*, Verlag Urachhaus 2001.

Walker, Barbara G.: *Das geheime Wissen der Frauen*, dtv, München 1983.